Nie ergründ' ich dieses Tal

Uhland

Meinen Eltern

Hans Mattern

Das Jagsttal von Crailsheim bis Dörzbach

Wanderung durch ein Landschaftsschutzgebiet

Verlag Robert Baier

Mattern, Hans
Das Jagsttal von Crailsheim bis Dörzbach
Wanderungen durch ein Landschaftsschutzgebiet
5. Auflage
Crailsheim: Verlag Robert Baier, 1995
ISBN 3-929233-04-5

Bildnachweis

Titelbild: Unterregenbach — S. Baier (Crailsheim)

Abb. 4, 13, 15, 16, 22, 25, 26, 29, 30, 32, 33, 34, 38, 48, 51, 54, 55, 56, 65, 67, 69, 71, 73, 78, 83, 89, 95. — H. Zanke (Crailsheim)

Abb. 3, 11, 18, 19, 23, 24, 28, 31, 35, 36, 37, 42, 43, 45, 46, 49, 50, 57, 60, 63, 70, 87, 88, 90, 91, 92, 93. — Verf.

Abb. 2, 21, 27, 39, 40, 47, 52, 53, 58, 59, 61, 64, 66, 68, 75, 76, 79, 80, 81, 82, 84 sowie das Bild auf S. 175 (Schloß Burleswagen am Abend). — M. Zorzi (Crailsheim)

Abb. 14, 44, 62, 72, 74, 94. — F. Baier (Crailsheim)

Abb. 5, 6, 12, 20. — Chr. Langer (Crailsheim)

Abb. 17, 77. — E. Zanzinger (Kirchberg)

Abb. 41. — A. Haas (Reutlingen)

Abb. 85. — D. Haas (Tübingen)

Abb. 86. — E. Herzog

Abb. 97. — A. Brugger (Stuttgart)

1995 Verlag Robert Baier, Crailsheim
Printed in Germany
Druck und Herstellung: Klunker & Ewald GmbH, Crailsheim
ISBN 3-929233-04-5

Inhaltsverzeichnis

Von der Heldenmühle nach Kirchberg

Von der Wutach bis zur Werra erstreckt sich zu Füßen der Keuperhöhen das Gäu, ein flachwelliges, waldarmes, korngesegnetes, altbesiedeltes Land. Muschelkalk, der auf weiten Flächen von den Schichten des Lettenkeupers und zum Teil auch von Lößlehm bedeckt wird, bildet seinen geologischen Untergrund. Als schmaler Streifen am südöstlichen Rand des Schwarzwaldes beginnend, verbreitert es sich gegen Norden und Nordosten immer mehr, erreicht auf der Höhe von Crailsheim rund 70 km, um sich nach Norden zu allmählich wieder zu verengen.

Gäuflächen u. Engtäler

Blickt man von einer der Randhöhen der Keuperberge, etwa vom aussichtsreichen Burgberg bei Crailsheim, über das Hohenloher Land, so ahnt man kaum, daß noch andersartige Räume an der Gesamtlandschaft teilhaben, daß die weite Gäufläche von Kocher, Jagst, Tauber und ihren Zuflüssen jäh zertalt wird. „Der Wanderer im Gäu übersieht in der weiten Ackerflur das enge, tiefe Tal völlig, bis er unvermutet an dessen scharfer Kante steht. Während er vorher dachte, den schmucken Kirchturm drüben in wenigen Minuten zu erreichen, geht's nun auf jähen, steinigen Steigen hinab, hinauf. Und manchen Tropfen Schweiß kostet es, bis die Hochfläche wieder gewonnen ist" (Georg Wagner, 1928, S. 3). Zu der flächigen, nur von breiten, seichten Talmulden gegliederten Gäulandschaft bilden diese Täler einen fremdartigen, überaus eindrucksvollen, spannungsreichen Gegensatz. Hier schroffe Formen, ständiger Wechsel der eng begrenzten Bilder, dort weite Horizonte bis zur Frankenhöhe und zur Crailsheimer Hardt, zu den Ellwanger, Limpurger und Waldenburger Bergen, an klaren Tagen hin bis zur lichtblauen Mauer der östlichen Alb im Süden und zum Odenwald mit dem Katzenbuckel im Nordwesten.

Oberhalb Crailsheims durchfließt die Jagst in vielen Wiesenmäandern ein breites Tal, das waldige Keuperhöhen begleiten. Mit einer bis gegen Jagstheim reichenden Bucht öffnet es sich zur Hohenloher Gäuebene. Beim Eintritt des Flusses in den Muschelkalk ändert sich der Talcharakter grundlegend. Das

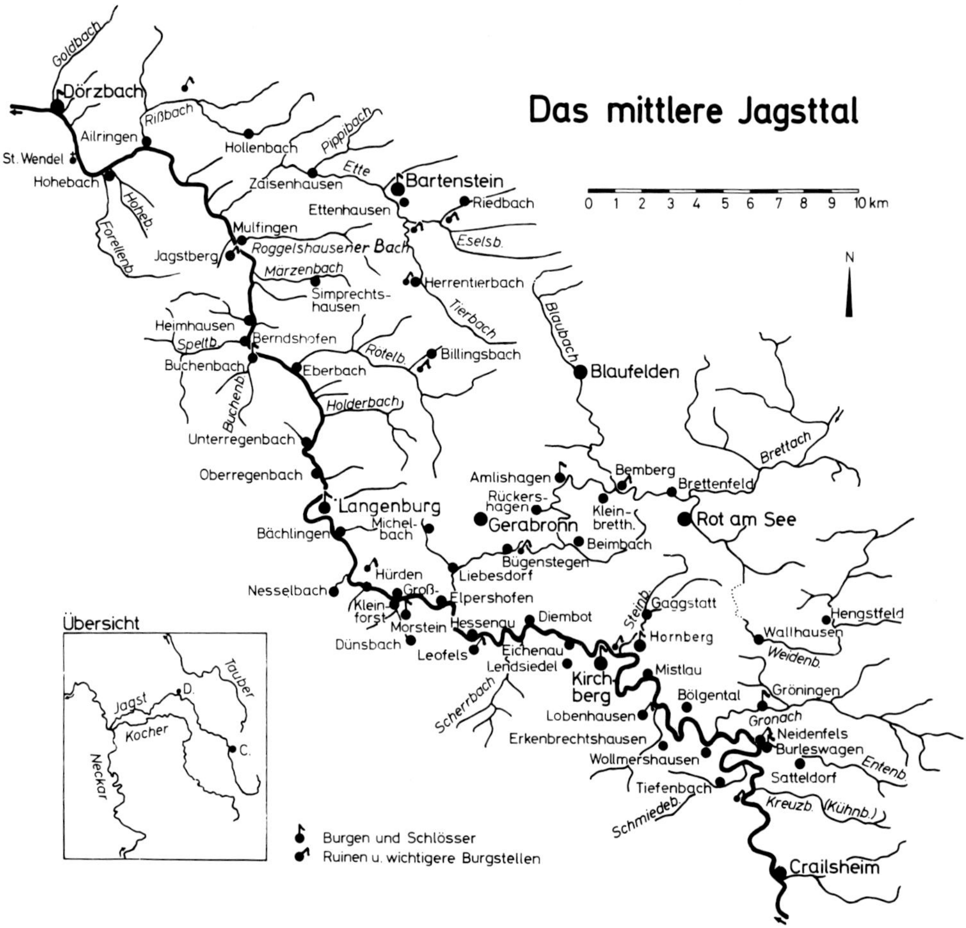

Abb. 1 Topographische Übersicht.

Gefälle der Jagst wächst beträchtlich[1]) und im Bereich des hier etwa 60 m mächtigen Hauptmuschelkalkes (Oberen Muschelkalkes) von der Heldenmühle bei Crailsheim bis Lobenhausen durchfließt die Jagst ihre engste, am dünnsten besiedelte Talstrecke.

Ergreifen wir den Wanderstab und begleiten sie auf ihrem Weg talab! Auch der verwöhnteste Autofahrer wird sich mit Schusters Rappen bequemen müssen, denn, die kurze Strecke von Neidenfels bis zur Kernmühle ausgenommen, folgt von der Heldenmühle bis zur Lobenhausener Mühle (gegen 14 km) kein fahrbarer Weg dem Fluß, oft nicht einmal ein Fußweg. Erst ab Hessenau verläuft im Tal durchgehend eine Straße. Auch empfiehlt sich die Mitnahme eines Rucksackes mit den wichtigsten Bedürfnissen. Zwischen der Heldenmühle und Neidenfels und wieder hinab bis Lobenhausen bzw. Mistlau bietet sich nämlich unmittelbar im Tal keine Möglichkeit zur Einkehr.

Heldenmühle

In Crailsheim erreicht der Fluß den Muschelkalk. Voll entfaltet sich der typische Charakter des Muschelkalktales bereits zwei Kilometer weiter unterhalb, ab der Heldenmühle[2]). Denn die Jagst fließt entgegen dem Fallen der Schichten und bei der Heldenmühle schneidet eine Verwerfung in (grob) südöstlich/nordwestlicher Richtung das Tal, deren abgesunkene (südwestliche) Scholle flußaufwärts liegt. Schon steigt der Muschelkalk zu stattlicher Höhe über die Talsohle auf, an der hohen Steinbruchwand bei der Mühle gut zu sehen. Dem Fluß bekam diese Crailsheim-Kirchberger oder auch „Jagstverwerfung“ genannte Störung übel, denn der ohnehin klüftige Muschelkalk ist an der Verwerfung stark zerrüttet, und so verlor die Jagst hier früher einen großen Teil ihres Wassers. Der „Schwäbische Merkur“ vom 28. 2. 1911 berichtet über zwei Messungen folgendes (zit. nach Zander, 1973, S. 142): „An den Hauptversickerungsstellen unterhalb des Wehrs bei der Heldenmühle versanken... bei geschlossenem Wehrkanal und einem Pegelstand in Crailsheim von 83 cm von 480 zugeflossenen Sekundenlitern 470 oder 97 %, bei einem Pegelstand von 108 cm von 870 zugeflossenen Sekundenlitern 560 oder 70 %.“ (Vgl. auch S. 120 f.) „Zur Trockenzeit

„Jagstverwerfung“

Jagstversickerung

1) Etwa 0,8‰ zwischen der Mündung des Hörbühler Baches oberhalb von Stimpfach und der Trutenbachmündung in Crailsheim im Bereich von Gipskeuper und Lettenkeuper, gegenüber rund 2,8‰ zwischen der Heldenmühle und der Lobenhausener Mühle! Auf der Gesamtstrecke zwischen der Heldenmühle und der ehemaligen Landesgrenze bei Dörzbach beträgt das Gefälle rund 2,5‰.

2) Mühle an der Halde. Die richtige Schreibweise wäre daher Häldenmühle.

konnte es vorkommen, daß sich das Jagstbett in eine Reihe von Tümpeln auflöste“ (Wagner, 1928, S. 38). Die Wasserarmut reichte weit hinab; bis nach Klepsau (unterhalb von Dörzbach) schlossen sich die Müller zusammen, um Abhilfe zu schaffen. So wenig uns Betonverbauung von Gewässern sonst Freude bereitet: Hier gönnen wir der Jagst die wirksame Hilfe durch Zement, die ihr kurz vor dem Ersten Weltkrieg zuteil wurde. Sie überwindet heute die gefährliche Stelle ohne sichtbaren Tribut.

Steinbruch und Kläranlage bei der Heldenmühle bilden keine sehr einladende Pforte ins Tal. Aber wir wollen uns durch sie nicht abhalten lassen. Dient die Kläranlage doch einem guten Zweck. Und was den riesigen Steinbruch anlangt, so wollen wir am Schluß auf Eingriffe, Bedrohungen und Probleme der Jagsttallandschaft zusammenfassend eingehen und uns nun, hiervon möglichst ungestört, dem Genuß der schönen Wanderung hingeben.

Talformen

Bald haben wir diesen Bereich hinter uns gelassen und es umfängt uns das unberührte Tal. Noch sind seine Hänge verhältnismäßig niedrig, aber es zeigt bereits voll die Formen wie sie für die Täler des Hauptmuschelkalkes bezeichnend sind. Scharf zeichnet sich seine obere Kante ab, hinter der ein flacher Anstieg zur welligen Hochfläche überleitet. Wie Wagner feststellte[1]) und Herr Dr. W. Schall zusammen mit dem Verf. an mehreren Stellen zwischen Crailsheim und Lobenhausen bestätigen konnte, fällt die Talkante vielfach etwa mit der Obergrenze des Muschelkalks zusammen. Sie kann aber auch im Bereich widerstandsfähiger Schichten des unteren Lettenkeupers liegen.

Talmäander

Mit dem Eintritt in den harten Hauptmuschelkalk setzt wie bei allen anderen Nebenflüssen des Neckars und ihren größeren Seitenbächen die Bildung von Talmäandern ein. Auf gewaltigen Umwegen führen sie die Wasser ans Ziel: Auf rund zwölf Kilometern von der Barenhaldenmühle nach Mistlau gegenüber fünf Kilometern Luftlinie, auf etwa sechs Kilometern von der Barenhaldenmühle zur Gronachmündung gegenüber stark anderthalb Kilometern Luftlinie, auf rund fünf Kilometern von der Barenhaldenmühle bis zum Knie nördlich des Stengelbergs bei gar nur einem Kilometer Luftlinie.

Schon früh haben Geologen und Geographen die fesselnden Formen der Mäandertäler, den Wechsel von schroffen Prallhängen mit sanften Gleithängen und ihre Entwicklung beschrieben

1) 1919, S. 7; 1922, S. 134.

Abb. 2 Das Jagsttal bei der Mündung der Teufelsklinge.
Im Hintergrund die Weidenhäuser Mühle.

und sie zu deuten versucht. Auch heute noch sind die Probleme der Mäanderbildung nicht ausdiskutiert.[1]) Klassisch geradezu wurden Georg Wagners anschauliche Darstellungen in verschiedenen Schriften, in denen die Täler Hohenlohes eine besondere Rolle spielen. Folgen wir der Schilderung in seinen „Landschaftsformen von Württembergisch Franken" (1919, S. 26, 27, 28): „Die typische Talform des Muschelkalks ist das ‚Hufeisental', ein Tal, reich an Mäandern und Vorsprüngen der Talwand... Die Neigung zur Mäanderbildung ist wohl darin begründet, daß die regelmäßig geschichteten Gesteine, vor allem des Hauptmuschelkalks, gegen Tiefenerosion ziemlich widerstandfähig sind, weniger aber gegen Seitenerosion. Denn ersterer setzt eine härtere durchgehende Bank ein großes Hindernis

1) Vgl. z. B. Flohn (1935) sowie Ermelings Zusammenstellung der verschiedenen Theorien und seinen eigenen Erklärungsversuch (1951).

entgegen, und oft ist das ganze Flußbett mit natürlichen Steinplatten gepflastert. Die Seitenerosion aber findet immer eine Schichtfuge, eine Schiefertonlage, ein dünnes Kalkbänkchen, wo sie einsetzen kann. Sie unterwühlt dadurch die Schichten darüber und sie stürzen zuletzt nach. Wo aber Seitenerosion viel rascher fortschreitet als Tiefenerosion, ist die beste Gelegenheit zur Mäanderbildung geboten. So entstehen im Hauptmuschelkalk wie auch im Weißjura und im Hauptbuntsandstein Erosionsmäander." Liegt fast ausschließlich Tiefenerosion vor, so kann sie ins harte Gestein eine Klamm kerben, tritt sie ganz zurück, dann entwickeln sich Flußmäander (Wiesenmäander, freie Mäander). Bei Zusammenwirken von Seiten- und Tiefenerosion formen Flüsse und größere Bäche im festen Schichtgestein die typischen Talmäander. Der „Stromstrich", der Bereich der größten Fließgeschwindigkeit, ist der Außenseite der Krümmung genähert. Dort prallt der Fluß an und mit ihm Geröll und Eisschollen; er räumt und wäscht aus. Es bildet sich ein Prallhang (Kleb). Ihm gegenüber liegt der flachere Gleithang. An den Kleben arbeitet der Fluß ständig und verlegt sie seitlich, während er auf der Gleitseite Geröll und Feinmaterial ablagert. Der Fluß gleitet nach der Außenseite ab, der Talboden vergrößert sich. „Die Klebe gehören zu den Hauptschönheiten des Frankenlandes: im Sommer oft schattig, kühl, ruhig, mit dem blinkenden Wasserspiegel oder dem Murmeln der Wellen; im Winter geschmückt mit Tausenden von glitzernden Eiszapfen, die wie Girlanden die Felsen umsäumen und schließlich zu mächtigen Eismassen zusammenwachsen" (Wagner, „Landschaftsformen", S. 26).

Prallhang u. Gleithang

Die Wuchsformen der Bäume (Stockausschläge) zeigen – soweit nicht abstürzendes Gestein sie erzeugt – daß früher selbst sehr steile Hänge niederwaldartig genutzt wurden. Aber gerade dadurch entstanden malerische, oft bizarre Bilder und so empfindet man nicht zu Unrecht die steilen Prallhänge, die „Klebe", als weitestgehend unberührte Inseln im Kulturland, abgesehen von einigen „Lachen" und kleinen Erlenbrüchen im nahen Naturschutzgebiet Reisenberg die einzigen weit und breit. Die ausgesprochen felsigen Klebe kann man getrost als echte Urnatur betrachten.

Eulenburg

Gleich hinter der Heldenmühle stößt die Jagst auf den ersten schön ausgeprägten, wenn auch nur etwa 30 m hohen, waldigen Prallhang. Von der Eulenburg, die über ihm am Mündungswinkel einer kleinen, steilen Seitenklinge Schutz suchte, zeugen nur bescheidene Reste, die aber immerhin den Grundriß ablesen lassen. Sie ist nur wenigen noch bekannt, und die Sagen, von denen das Crailsheimer Heimatbuch (1928) zu erzählen weiß, dürften kaum mehr lebendig sein.

Das „Auhölzle“ am gegenüberliegenden Hang (der Name ist gewiß wenig glücklich, aber allgemein im Gebrauch) besuchen die Crailsheimer besonders gerne im Vorfrühling. In schönen Beständen blüht im kahlen Wald der Seidelbast, der auch sonst im Jagsttal noch erfreulich häufig auftritt. Vor allem im unteren Teil des Wäldchens erscheint in erstaunlicher Zahl die auch weiter talab oft zu findende, eigentümliche, schmarotzende Schuppenwurz. Sie tritt auch in der Teufelsklinge auf, die das „Auhölzle“ im Norden begrenzt, dem ersten Seitental, das wir auf unserer Wanderung berühren. Einer der schönsten Flecken in Crailsheims Umgebung! Eingegraben hat die Klinge der Kreuzbach (im Oberlauf Kühnbach), der im Keuperstufenrandbereich der Crailsheimer Hardt südöstlich von Rudolfsberg seinen Ursprung nimmt. Dem klüftigen Hauptmuschelkalk zahlt auch er hohen Tribut. Einige hundert Meter unterhalb der Straße Crailsheim-Satteldorf versickert er meistens völlig.[1]) Nur im Vorfrühling oder nach starken Regenfällen belebt sein Murmeln und Rauschen die Klinge. Bei der unregelmäßigen Wasserführung des Kreuzbaches verwundert es nicht, daß sein Gefälle wenig ausgeglichen ist und harte Gesteinslagen noch nicht bezwungen wurden. So fließt der Bach im Frühjahr, von vielen kleinen Felstreppen unterbrochen, rauschend und plätschernd zu Tal. In seinem Grund grünt und blüht es schon, wenn an den trockenen oberen Talhängen die Pflanzenwelt sich erst zu regen beginnt und der Wald noch kahl steht. Das zierliche Moschuskraut siedelt am Eingang der Klinge und auch weiter unterhalb in dichten Rasen. Dort wachsen auch die Gelbe Anemone und der Waldgoldstern in reichen Beständen. Außerdem notierte ich auf einem Osterspaziergang im Talgrund u. a. Weiße Anemone, Scharbockskraut, Wolligen Hahnenfuß, Goldhahnenfuß, Lerchensporn, Geißfuß, Süße Wolfsmilch, Hohe Schlüsselblume, Waldlabkraut sowie Bärlauch, der etwas später im Jahr weite

Teufelsklinge

Pflanzenkleid

1) Die Versickerungsstelle wenige Schritte unterhalb der Brücke über den Talweg hat sich in den 40 Jahren, die ich sie kenne, nicht verlagert. Bei schwacher oder mäßiger Wasserführung versinkt dort der Bach ganz, bei etwas stärkerer zum größten Teil. Der Rest verliert sich in den nächsten 100 oder 200 Metern, vor Eintritt in die Klinge. Diese wird nur bei starker Wasserführung durchströmt. Noch trat nicht ein, was sich heute in vielen Trockentälern der Alb abspielt: Talabwandern der Schlucklöcher durch Abdichtung infolge Abwasserführung.

Abb. 3 Vorfrühling in der Teufelsklinge bei Crailsheim.

Flächen bedeckt, auch die untersten Teile der Hänge überzieht und die Klinge mit seinem zwar nicht von jedermann geschätzten, aber doch gewiß charaktervollen Duft füllt. Vor allem an den unteren Hangpartien wachsen Aronstab, Behaarte Hainsimse, Haselwurz, Frühlingsplatterbse, Waldbingelkraut, Gebräuchliches Lungenkraut, Goldnessel; Türkenbund und Vielblütiger Salomonssiegel beginnen sich zu entfalten. Der Frühsommer bietet ein ganz anderes Bild. Eschen und Bergahorne, daneben aber auch Hainbuchen – an den Hängen vielfach die herrschende Baumart – breiten ihren kühlen Schatten aus. Die Frühlingspflanzen haben „eingezogen", der Bärlauch welkt und wird als „Flächendecker" weithin vom Geißfuß ersetzt, Türkenbund und Ährige Teufelskralle schmücken den Hang, unmittelbar am Bachbett blüht der Gelbe Eisenhut. Ehe sich das Tälchen zur schattigen Klinge verengt, siedelt am Bach eine Hochstaudenflur, u. a. mit Zweihäusiger Brennessel, Roter Lichtnelke, Echter Nelkenwurz (auch im dichteren Schatten), Wiesen- und Sumpfstorchschnabel, Behaartem Kälberkropf, Wiesenkerbel, Bärenklau, Klebrigem Labkraut; bachabwärts, mit zunehmender Beschattung, treten Goldnessel und Waldziest mehr und mehr hervor. Natürlich fehlt am Waldrand und an lichteren Waldstellen die Sternmiere nicht. Im malerisch verwachsenen alten Steinbruch am Eingang zur Klinge blühen im

Hochsommer in reichen Beständen Hirschwurz, Weidenblättriger Alant sowie Kichertragant, auf den mich freundlicherweise Herr M. Zorzi (Crailsheim) aufmerksam gemacht hat. Auch die Warzige Wolfsmilch sei erwähnt. Laut läßt der Zaunkönig sein helles, lustiges Schmettern und Trillern hören, und vielleicht sehen wir auf einem Stein an der Mündung des Bächleins in die Jagst die flinke, schlanke Gebirgsstelze.

Weidenhäuser Mühle

Wenige Minuten flußabwärts der Mündung des Kreuzbaches liegt malerisch zwischen Fluß und steilem Hang hingeschmiegt die Weidenhäuser Mühle. Ihr Rad steht stille und sie verfällt leider mehr und mehr.*) Gegenüber mündet eine kleine Klinge, die bei sehr geringem Einzugsgebiet nur ausnahmsweise Wasser führt und daher noch viel unausgeglicheneres Gefälle besitzt als die Teufelsklinge. Sie bildet eine Zwischenform zwischen den kleineren Seitentälern bzw. größeren Klingen und den kleinen Runsen, die steile, schmale Kerben in die Talwände gerissen haben, doch erst auffallen, wenn man unmittelbar vor ihnen steht. Oberhalb der Talkante gehen sie in flache, breite, bachbettlose Mulden der Hochfläche über, deren Wasser nach der Schneeschmelze durch die Kerben zur Jagst fließt bzw. rieselt, die steilen, felsigen Wände oft prächtig mit Eiszapfen schmükkend.

*) In jüngster Zeit renoviert.

Abb. 4 In kleinen Wasserfällen überwinden die Seitenbäche harte Kalkplatten. (Der Schmiedebach unterhalb von Tiefenbach.)

Barenhaldenmühle *Schmiedebach* Kurz unterhalb der Barenhaldenmühle, die sich zu einem großen Steinbruchbetrieb entwickelt hat, mündet der bei Rüddern entspringende Schmiedebach (mit Quelladern im Randbereich des durch seine Gipsdolinen berühmt gewordenen Reisenbergs). Der riesige Steinbruch unterhalb von Tiefenbach hat nur die letzten paar hundert Meter seiner Schlucht übrig gelassen, die der Teufelsklinge ähnelt, aber fast ständig Wasser führt und etwas breiter ist. Auch hier als besondere Zierde der Gelbe Eisenhut!

Als Entschädigung für den wenig schönen Anblick, den das Jagsttal bei und kurz unterhalb der Barenhaldenmühle mit Großsteinbruch, Schutthalden und Fichtenaufforstung bietet, empfängt den Wanderer in der weit nach Westen ausgezogenen Schlinge[1]) mit der idyllisch gelegenen, baulich noch gut erhaltenen *Neumühle* Neumühle und einem schönen, felsigen Kleb unberührte Tallandschaft. Das Wechselspiel von steilem, stellenweise felsgeschmücktem Prallhang an der Außenseite und sanfterem Gleithang an der Innenseite der Talschlingen kennzeichnet und belebt immer wieder die Bilder, bietet freilich dem Wandersmann auch manche Schwierigkeiten. Denn an den Prallhängen gibt es vor allem bei starker Wasserführung nur ein sehr *Klebe* schweres Durchkommen. Manchmal bleibt nichts anderes übrig, als Schuhe und Strümpfe auszuziehen und durch den seichten Fluß zu waten oder gar zur Hochfläche zu klettern. Am linken Ufer bei der Neumühle und – auf die andere Talseite überwechselnd – südlich/südwestlich von Burleswagen steigen steile Hänge aus dem schmalen Grund.

Immer tiefer gräbt sich der Fluß ins harte Gestein. Rund 50 *Burleswagen* Meter erhebt sich der Hang von Schloß Burleswagen, dem wir uns nun nähern, über den Fluß. Wie ein heiteres, anmutiges Lustschlößchen erscheint es von der Ferne. Weit blickt es mit seinem runden Ecktürmchen ins vielgewundene Tal und in die Ebene hinaus. In der Nähe stellt man überrascht fest, daß es sich um den Rest einer einst recht ausgedehnten (Doppel-) Burg handelt, von der außer dem heute das Bild aus der Ferne beherrschenden Steinhaus an der Nordwestecke des Bergvorsprunges zwischen Jagsttal und Sumbachklinge noch beachtliche

1) Flußstrecke Barenhalden-Neidenfels gegen 4 km, Luftlinie knapp 900 m. An der schmälsten Stelle beträgt die Entfernung des südlichen und des nördlichen Teils der Schlinge von Fluß zu Fluß nur 250 m Luftlinie gegenüber gut 2,5 km Flußstrecke.

Abb. 5 Schloß Burleswagen (mit Neidenfels).

Befestigungsreste zeugen, die sich freilich weitgehend im Laubwald bzw. Schloßpark verbergen.[1])

Burleswagen zu Füßen liegt eng gedrängt in der durch Steinbrüche stark umgestalteten Sumbachklinge[2]) der Weiler Neidenfels. *Neidenfels* Schon Name und Lage weisen darauf hin, daß wir es mit keinem Bauerndorf bzw. -weiler zu tun haben. Wie Burleswagen war auch Neidenfels ein Burgweiler. Von der Burg, die auf einem Tuffsteinfelsen[3]) über der Jagst an der Mündung des Baches lag,

1) Vgl. den Rekonstruktionsversuch im Heimatbuch Crailsheim (Abb. 168). 1085–1098 war die Burg Sitz der Edelfreien von Burleswagen, später eines Zweigs der Reichsadministerialen von Uffenheim. Zur komplizierten und wechselvollen Geschichte der Besitzverhältnisse s. z. B. „Das Königreich Württemberg" (Oberamt Crailsheim) von 1907 und die Landkreisbeschreibung von 1953. Im Dreißigjährigen Krieg großenteils zerstört. Von den Umfassungsmauern auf der Nordseite noch Reste mit zwei Türmen, an der Südwestecke Grundmauern eines weiteren Turmes vorhanden; außerdem der Stumpf des Bergfrieds aus Buckelquadern (12. Jahrh.) erhalten. Das „Steinhaus mit Nischenscharten und gotisch profilierten Fenstern" (Königreich Württemberg, Oberamt Crailsheim, 1907, S. 33). Der anschließende Gebäudeteil wurde nach den Zerstörungen des Dreißigjährigen Krieges errichtet, weitere in neuerer Zeit (19. u. 20. Jahrhundert).

2) Auch Sundbach oder Steinbach, im Oberlauf Entenbach; wie der Kühnbach im Keuperstufenrandbereich der Crailsheimer Hardt bei Rudolfsberg entspringend.

3) Zur Gegenwart lagert sich dort offensichtlich kaum noch Tuff ab.

sind nur noch wenige Mauerreste zu sehen.[1]) Der Tuffelsen über dem still dahinziehenden, durch das Mühlenwehr gestauten Fluß und der muntere, in kleinen Wasserfällen der Jagst zueilende Bach – ein idyllisches, abgeschiedenes, kaum bekanntes Fleckchen, obwohl nur wenige Schritte von der Ortsstraße entfernt gelegen.

Pflanzenkleid

Klettern wir, ehe unser Weg weiter talab führt, pfadlos den steilen Hang vom Bach zum Burleswagener Schloß hinauf. Unter dem Schirm von Eschen, Bergahornen, Sommerlinden, Haselsträuchern und (selten) Traubenkirschen deckt im Frühsommer üppiges Grün den Boden. Die hohe Zeit des Lerchensporns und des Bärlauchs sowie der Gelben Anemone ist vorbei. Fast überall hat sich der Geißfuß breitgemacht. Außerdem sehen wir: Zweihäusige Brennessel, Haselwurz, Rote Lichtnelke, Gelben Eisenhut, Wolligen Hahnenfuß, Goldhahnenfuß, Schöllkraut, die aus Gärten „entflohene", vielerorts sich immer mehr ausbreitende Nachtviole, Knoblauchhederich, Echte Nelkenwurz, Ruprechtskraut, Waldbingelkraut, Süße Wolfsmilch, Springkraut, Hexenkraut, Klebriges Labkraut, Goldnessel, Gefleckte Taubnessel, Waldziest, Ährige Teufelskralle, Waldzwenke und (hier selten) Türkenbund; Schwarzen Holunder, Pfaffenhütchen, Heckenkirsche und Wilde Stachelbeere.

Die sonnenseitigen Talhänge bei Neidenfels scheinen früher reicher an kostbaren Pflanzen gewesen zu sein als heute. Offensichtlich haben die Steinbrüche hier Tribut gefordert. Am Fuß eines bereits „angefressenen" Hanges kurz unterhalb von Neidenfels bemerken wir im Juli: Nickendes Leimkraut, Goldlackartigen und Wohlriechenden Schotendotter (von beiden Arten nur wenige Pflanzen), Sichelklee, Hornklee, Sichelblättriges Hasenohr (häufig), Hirschwurz (selten), Schwalbenwurz, Hügelmeister, Natternkopf, Traubengamander, Aufrechten Ziest, Gewöhnliche Bergminze, Dost, Gamanderehrenpreis, Großen Ehrenpreis, Kardendistel, Taubenskabiose, Dürrwurz, Färberkamille, Raukenblättriges Greiskraut. Waldrebe überwuchert das Brombeer-Schlehengebüsch. Im

1) Sie erscheint urkundlich gegen Ende des 14. Jahrhunderts. Zeitweilig eng mit Burleswagen verflochten. Im 30-jährigen Krieg zerstört, nach 1640 von den Herren von Ellrichshausen als damaligen Besitzern zum Teil wieder aufgebaut. Als letztes Gebäude 1850 die Burgkapelle wegen Baufälligkeit abgebrochen. Außer wenig auffallenden Grundmauerresten blieb nur der Burgkeller erhalten. Die Herren von Ellrichshausen siedelten im 17. Jahrhundert Fremde an. – Die Muschelkalkbrüche, das Satteldorfer Muschelkalkwerk und die Satteldorfer Gipsfabrik spielen für den Erwerb der Bevölkerung eine wichtige Rolle. Die Mühle (ehemalige Burgmühle) gehört zu den vergleichsweise wenigen im Jagsttal, die noch arbeiten.

Vorfrühling blüht hier und an vielen anderen Stellen bei Neidenfels die Stinkende Nieswurz – ein unfreundlicher Name für diese zwar nicht eben lieblich duftende, aber doch herb-charaktervoll riechende, stattliche, aus dem Jagsttal nicht wegzudenkende Pflanze. Sie erreicht dort nahezu die Ostgrenze ihrer Verbreitung, die etwa entlang der Linie Crailsheim – Rothenburg – Schweinfurt verläuft.

Unserem Wanderweg ein wenig vorgreifend, wollen wir noch auf einige Standorte mehr oder weniger trockenheitsliebender Pflanzen hinweisen, die etwas abseits unserer „Hauptroute" liegen. Es sind die kurzrasigen Flächen, „Heiden", am Weg, der von der Hochfläche bei Gröningen zur Hammerschmiede im Gronachtal hinabführt (vgl. unten), am Jagsttalhang zwischen der Gronachmündung und der ehemaligen Gaismühle, am Hang der alten Talschlinge bei Bölgental (s. u.), auf einer nach Süden vorspringenden Zunge der Hochfläche südwestlich Bölgentals und an anderen Stellen. Sie verwachsen leider allmählich, die Heiden südlich von Bölgental wurden zum Teil aufgeforstet bzw. durch einen Steinbruch zerstört, die südwestlich des Weilers gelegene diente teilweise als Schuttplatz. Trotzdem sind sie in überwiegendem Umfang noch erhalten und prägen recht eindrucksvoll die Tallandschaft dieser Gegend. *„Heiden"*

Abb. 6 Heideartige Vegetation am sonnenseitigen Talhang bei Bölgental. (Im Hintergrund links Schloß Burleswagen.)

Im frühesten Frühling überziehen sich weite Flächen mit dem zarten, weißen Blütenflor des Hungerblümchens. Auch später noch, längst verblüht, dient das bescheidene Pflänzchen der Heide zur Zier. Es sind die Zwischenwände der Schötchen, die sie nun mit hellem Schimmer kleiden. Selbstverständlich kann schon im Vorfrühling das fröhliche Gelb des Fingerkrauts nicht fehlen. Etwas später stellen sich Ackerhornkraut, Durchwachsenblättriges Hellerkraut, Kelchsteinkraut, Genfer Günsel und Sonnenröschen ein, dieses oft noch bis ins späte Jahr blühend. Immer bunter wird die Heide im Sommer. Meist steht sie bis weit in den Herbst hinein in Blüte. Der würzige Duft von Thymian und Dost lagert über ihr. Karthäusernelke, Kleiner Wiesenknopf, Odermennig, Kriechende und Dornige Hauhechel, Hornklee, Purgierlein, Zypressenwolfsmilch, Gewöhnliche Kreuzblume, Spitzblättrige Malve und Moschusmalve, Sichelblättriges Hasenohr (häufig), Hügelmeister, Echtes Labkraut, Natternkopf, Gewöhnliche und Großblütige Braunelle, Wirbeldost, Schwarze und Lampenkönigskerze, Gamanderehrenpreis und Großer Ehrenpreis, Mittlerer Wegerich, Kardendistel, Taubenskabiose, Rundblättrige Glockenblume, Scharfes Berufkraut, Golddistel, Stengellose Kratzdistel (häufig), Wollkratzdistel (vereinzelt), Wegwarte, Aufrechte Trespe, Fiederzwenke, Zittergras, Schafschwingel, Schillergras, am Wegrand sehr selten der Milde Mauerpfeffer – das sind ein paar Arten, die wir in ebenso bunter Folge hier nennen, wie sie uns draußen auffielen. Ausgesprochene Besonderheiten finden sich kaum darunter, und Kenner von Trockenstandorten auf der Alb oder im Taubertal mögen vielleicht ob dieser vergleichsweise bescheidenen floristischen Ausbeute die Nase rümpfen, aber es ist doch im ganzen ein sehr typisches Pflanzenkleid, das wir in unserer Jagsttallandschaft gewiß nicht missen möchten. Malerische einzelne Eichen, Maßholder und Hainbuchen, Weißdorn-, Hartriegel-, Rosen-, Schlehen- und Ligusterbüsche bereichern das Bild. Prächtig die vielverfolgte Berberitze im Schmuck ihrer orangeroten Früchte! Manche der oben genannten Pflanzen wird übrigens mit dem nicht scharf abgrenzbaren Attribut „Kulturfolger“ versehen. Ein solcher – oder genauer genommen ein „Kulturflüchter“ – ist der früher angebaute Leindotter, der auf ruderal beeinflußter Stelle an der Steige wächst, die zur Hammerschmiede im Gronachtal (s. u.) hinabführt, mit ihrem alten Pflaster aus grob behauenen Muschelkalksteinen so recht ein Glied dieser Landschaft. Dort stellt sich mit Vorliebe auch der Zwergholunder ein, und am Gronachtalhang beobachte ich seit etwa 30 Jahren regelmäßig die Gebräuchliche Hundszunge in stattlicher Zahl.

Steinbrüche im Hauptmuschelkalk

Talabwärts von Neidenfels bestimmen bis zur Gronachmündung – das sind gut zwei Kilometer – Steinbrüche das Bild, glücklicherweise noch immer unterbrochen von unberührten schönen Prallhängen, so besonders am rechtsseitigen Ufer unterhalb der Kernmühle und am linken noch etwas weiter talab. Dem Natur- und Landschaftsschützer sind diese Groß-steinbrüche zum Leid – dem Geologen und Liebhaber von Versteinerungen zur Freud, auch wenn die kleinen, von Hand abgebauten Brüche von früher mehr Ausbeute versprachen.

Bonebed

Oft bildet die Grenzschicht des Muschelkalks zum Lettenkeuper, das von fein verteiltem Pyrit dunkel blaugrau gefärbte, durch Oxydation rostbraune, vom Hochrhein bis zur Werra durchgehend vorhandene „Bonebed“ die obere Grenze des Abbaus und tritt so als Terrasse im obersten Teil der Steinbrüche im Gelände heraus. Die vielen, meist allerdings kleinen, am einstigen Strand bzw. im ganz flachen Wasser zusammengeschwemmten Reste von Wirbeltieren fallen sofort auf, so daß auch der Nicht-Geologe das gerade in der Crailsheimer Gegend sehr mächtige Grenz-Bonebed (nach Georg Wagner bis etwa 40 cm stark) ohne weiteres finden kann. Es birgt u. a. Zähne und Schuppen von Haien, Schmelzschuppern und Lungenfischen,

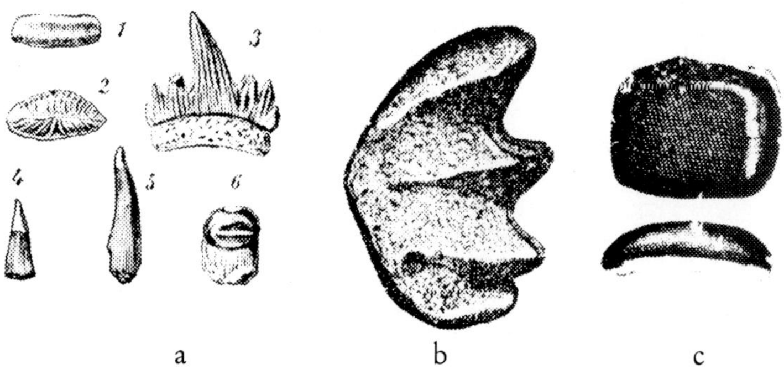

Abb. 7 a. Fischzähne aus dem Bonebed: 1–3 Hai; 4–6 Schmelzschupper.
b. Zahn eines Lungenfisches (Ceratodus).
c. „Pflasterzahn“ des Reptils Placodus.
(Aus: Heimatbuch Crailsheim.)

Knochen und Zähne von Panzerlurchen und Reptilien sowie Kotsteine (Koprolithen).[1])

Vitriolschiefer

Die schiefrigen Tone über dem Bonebed, die um einen Meter mächtigen Vitriolschiefer (unterster Lettenkeuper), gelangten im 18. Jahrhundert zu wirtschaftlicher Bedeutung. Ihre dunkle Farbe verdanken auch sie fein verteiltem Pyrit. An der Luft verwittert dieser unter der Einwirkung von Sauerstoff und Wasser zu Eisenvitriol (Eisensulfat) und Schwefelsäure. In der zweiten Hälfte des 18. Jahrhunderts baute man am rechten Talhang unmittelbar unterhalb Crailsheims nahe der heutigen Eisenbahnbrücke sowie bei der Heldenmühle den Vitriolschiefer bergmännisch ab. Die freie Säure wurde durch Zugabe von Pottasche oder Seifensiederlauge neutralisiert. Erstere lieferte zugleich das für den (Kalium-Aluminium-) Alaun erforderliche Kalium. Zur Vitriolbereitung wurde zusätzlich Eisen- oder auch (für Kupfervitriol) Kupferschrott beigegeben. Beachtliche Mengen an Vitriol und Alaun, hauptsächlich für Zwecke der Gerberei und Färberei, wurden gewonnen. 1792/93 beschäftigte sich der junge Alexander von Humboldt als preußischer Oberbergmeister mit dem Crailsheimer Vitriol- und Alaunwerk, dem er einige Seiten in einem „Generalbericht über den Bergbau der fränkischen Fürstenthümer" von 1793 sowie einige kürzere Berichte bzw. Briefe widmet.[2]) Noch heute erinnern in Crailsheim die „Bergwerkstraße" und die „Alexander von Humboldtstraße" an diese Zeit.

Fränkische Grenzschichten

Die Fränkischen Grenzschichten (Tone und Kalke) unterhalb des Grenzbonebeds keilen bei Crailsheim aus. Ihre Mächtigkeit nimmt gegen Nordwesten zu; Georg Wagner gibt im Heimatbuch Crailsheim für Sattelweiler 30 cm, Lobenhausen 80 cm, Leofels 170 cm, Künzelsau 4 m an. Im Crailsheimer Gebiet beginnt somit der Muschelkalk – sieht man vom Grenzbonebed ab – erst mit der Oberen Terebratelbank bzw. dicht über ihr.

1) Die Funde aus dem Bonebed trugen schon früh zum Ruhme des Crailsheimer Muschelkalks bei. Vgl. z. B. Plieningers Ausführungen über die „Knochenbreccie des Muschelkalks" in den „Beiträgen zur Paläontologie Württembergs" von Meyer und Plieninger (1844), Plieninger (1847) sowie die Berichte über die 3. und über die 43. Generalversammlung des Vereins f. vaterl. Naturkunde in Württ. in Heilbronn bzw. in Crailsheim, erschienen in den Jahresheften dieses Vereins 3 (1847) und 45 (1889; Schilderung der Ausstellung eines Teiles von R. Blezingers Sammlung). Auch O. Fraas (1889) sei hier genannt, der die Leistungen des um die Naturkunde der Crailsheimer Umgebung hochverdienten Apothekers Hofrat Dr. h. c. Richard Blezinger würdigt. Aus neuerer Zeit möge der Bericht von Huenes erwähnt sein, in dem er Wirbeltierfunde (von L. Seitz) aus dem Kirchberger Raum beschreibt. – Auf Grund sehr eingehender Untersuchungen gelangte Reif (1971) zu neuer Deutung der Genese des Muschelkalk/Lettenkeuper-Bonebeds, auf die wir hier nicht eingehen können.

2) S. Carlé (1961 a und b). – Vgl. auch den Aufsatz von König (1974).

Die obersten Schichten des Muschelkalks sind zusammen mit den unteren des Lettenkeupers in den Steinbrüchen (von oben her) häufig leicht zu erreichen. Die hohen, kaum zugänglichen Wände der modernen Riesenbrüche machen es dem Besucher jedoch nicht immer einfach, sich über die Schichtenfolge im Hauptmuschelkalk zu orientieren und Versteinerungen zu finden. „Wenige Arten, diese aber zeitweise in ungeheurer Zahl... sind das Kennzeichen unseres Muschelkalkmeeres“[1]) (Wagner, 1950, S. 429), ganz im Gegensatz zum Weltmeer mit seiner Artenfülle. Gerade das Jagsttal unterhalb Crailsheims wurde durch seinen Reichtum an Fossilien in Fachkreisen und bei Liebhabern berühmt (flaches, küstennahes Meer). „Der Crailsheimer Hauptmuschelkalk ist überall bekannt geworden durch die reichen Funde ausgestorbener Tiere, die nirgends in Deutschland in solcher Fülle wiederkehren. Hofrat R. Blezinger ist es besonders zu danken, daß zahlreiche dieser Funde erhalten blieben und der Wissenschaft zugänglich gemacht wurden“ (G. Wagner, 1928, S. 17).

Fossilien, Gliederung d. Hauptmuschelkalks

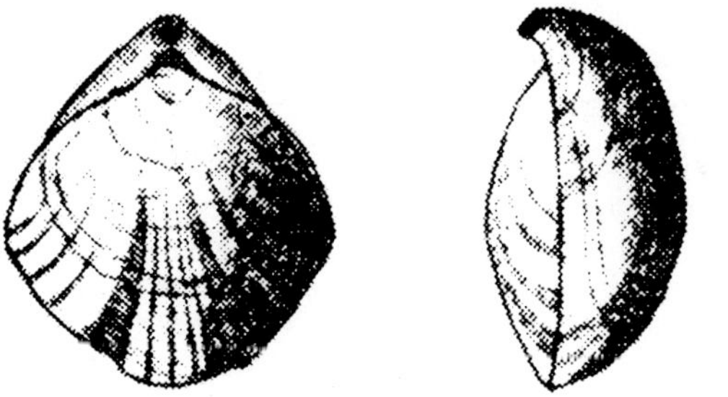

Abb. 8 Lochmuschel (Terebratel; aus: Heimatbuch Crailsheim).

Die wichtigsten Wirbeltiergruppen haben wir schon im Zusammenhang mit dem Bonebed genannt. Verhältnismäßig leicht finden wird jeder Sammler Lochmuscheln (Terebrateln), die in manchen, für die Aufgliederung des Hauptmuschelkalks wichtigen Bänken in riesigen Massen auftreten. Trotz ihres muschelartigen Aussehens gehören sie nicht zu den Muscheln, nicht einmal

1) Das der Ostsee vergleichbare, jedoch in trockenerer Klimazone gelegene, durch breitere Pforten mit dem Weltmeer verbundene Binnenmeer besaß in unserem Bereich, zwischen dem Festland der Ardennen und dem Vindelizischen Land, rund 300 km Breite.

zu den Weichtieren, sondern zu den heute nahezu ausgestorbenen Armfüßern (Brachiopoden). Aber auch echte Muscheln sind reich vertreten, so u. a. die hübsche Gerippte Feilenmuschel (Lima striata), Krummschaler (Gervillien), Dünnschaler (Myaciten), Pilgermuscheln (Pecten), Dreiecksmuscheln (Myophorien), Miesmuscheln (Mytilus), die den Austern ähnliche Falten-„auster" (Enantioſtreon = Terquemia) und die festgewachsene, manchmal riffbildende Placunopsis ostracina („Austern"riffe). Stattliche Ausmaße erreicht die Turmschnecke Chemnitzia.

Abb. 9 Knotenhörner (Ceratiten; aus: Heimatbuch Crailsheim).

Das große Geschlecht der zu den Kopffüßern (Cephalopoden) gehörenden Ammoniten (in weitem Sinn) ist im Binnenmeer stark dezimiert.[1]) Um so charakteristischer für den „germanischen" Muschelkalk, um so beliebter bei den Sammlern sind jedoch die formenreichen Knotenhörner (Ceratiten), welche diese Tiergruppe fast allein vertreten. Sie entwickeln sich von kleinen, breitrückigen, knotigen Formen zu großen, flachen, scharfrückigen. Nach typischen Vertretern (Ceratites nodosus und C. semipartitus) wurden die mittlere und obere Abteilung

Ceratitenschichten

des Hauptmuschelkalks (Ceratitenschichten) benannt (Nodosusschichten = mo_2, Semipartitusschichten = mo_3). Gut erhaltene Exemplare zu finden, gehört allerdings zu den Glücksfäl-

1) Aus dem Triasweltmeer kennt man nach Wagners Angabe 2600 Ammonitenarten!

len. Im gewachsenen Gestein, im „Anstehenden“, begegnet man ihnen recht selten, am ehesten wohl in den Terebratelbänken. Häufiger sind sie in den Schutthalden zu sehen.

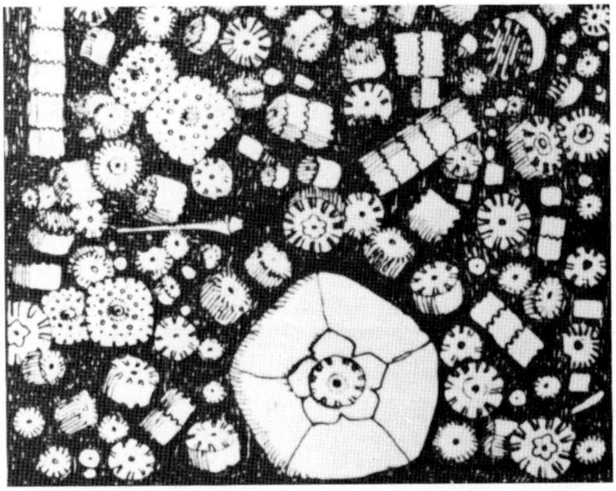

Abb. 10 Stielglieder von Seelilien (Trochiten). Unten: Krone einer Seelilie, von unten gesehen, wo der Stiel angesetzt hatte. Links: Plättchen und Stachel eines Seeigels. (Aus: Heimatbuch Crailsheim.)

Trochitenkalk

Im rund 30 m mächtigen unteren Hauptmuschelkalk (Trochitenkalk = mo_1) treten die trommelförmigen Stielglieder (Trochiten) der zu den Stachelhäutern gehörenden Seelilien (Encrinus liliiformis) in ungeheuren Scharen, in manchen Bänken gesteinsbildend auf. „Wer Trochitenkalksteinbrüche im Jagsttal zwischen Crailsheim und Kirchberg besucht, staunt über diese Fülle des Lebens“ (Wagner, 1950, S. 429). Sehr selten nur läßt sich freilich eine wohlerhaltene Krone finden. Auch Schlangensterne, Seesterne und Seeigel bekommt der Sammler nicht häufig zu Gesicht. Massenhaft erscheinen in tonigen Schichten kleine, beschalte Krebse (gewisse Muschelkrebse und Blattfüßer). Aber auch ein langschwänziger, zehnfüßiger, unserem Flußkrebs ähnlicher Krebs (Pemphix) kommt im Muschelkalk des Jagsttales vor. Vom Pflanzenleben des küstennahen, flachen Muschelkalkmeeres geben Kugelalgen (Sphaerocodium kokeni; vor allem, aber nicht ausschließlich unter der Oberen Terebratelbank) Zeugnis.[1])

1) Vgl. zur Schichtenfolge und Lebewelt des Hauptmuschelkalks die allgemeinverständlichen Darstellungen von Wagner und Bachmann/Gwinner (1971) sowie Geyer und Gwinner (1968), ferner Schmidt (1928). Vor allem in den beiden letzten Werken Hinweise auf speziellere Literatur.

Freilich darf der Sammler nicht damit rechnen, in allen Zonen des Hauptmuschelkalkes gleich reiche Beute zu machen. Schichten mit einer Fülle von Fossilien wie z. B. den Trochitenkalken, den Gervillienkalken (oberer Teil der Nodosusschichten) oder den Terebratelbänken stehen andere gegenüber, in denen er lange vergeblich nach Versteinerungen suchen wird. Oft bieten die Schutthalden Fundgruben, da dort die Fossilien häufig aus dem umgebenden Gestein herausgewittert sind.[1])

Bausteine

Manche Schichten des Hohenloher Hauptmuschelkalkes liefern einen hervorragenden, widerstandsfähigen[2]) Baustein, so vor allem der Trochitenkalk und die „Kornsteine" in höheren Lagen der Ceratitenschichten. Hohenloher Burgen und Schlösser, Bauern- und Bürgerhäuser, alte Zehntscheuern und die in vielen Dörfern bis heute so typischen Trockenmauern künden davon, aber auch repräsentative Gebäude außerhalb Hohenlohes, so z. B. der Stuttgarter Hauptbahnhof. Beim Wiederaufbau des zerstörten Crailsheim nach 1945 spielte der Muschelkalk eine große Rolle und trug wesentlich dazu bei, daß die Innenstadt damals einen durchaus bodenständigen, trotz tiefgreifenden Veränderungen doch im Rahmen der Tradition sich weiterentwickelnden Charakter erhielt. Heute weichen die schönen heimischen Steine leider mehr und mehr Glasflächen, Verkleidungen aus Kunststeinen u. ä.

Gronachtal

Nach diesem Abstecher zu heißen Kalkbruchwänden hinab in den kühlen Schatten des Gronachtales! Wie Kühnbach und Entenbach entspringt auch dieser zwischen Crailsheim und Brettachmündung kräftigste Zufluß der Jagst dem hier unter dem Namen „Frankenhöhe" nach Norden umschwenkenden Keuperstufenrandbereich. Nachdem die Gronach zunächst trägen Laufes in künstlichem Bett ein flachmuldiges Wiesental durchflossen hat, beginnt sie sich ab Gröningen stark einzuschneiden und bildet von der Hammerschmiede[3]) bis zur Mün-

Hammerschmiede

1) Von der Tierwelt des Eiszeitalters zeugen Funde in einer Muschelkalkspalte bei der Heldenmühle und in Sandgruben der Kirchberger Umgebung (u. a. vom Wildpferd, Mammut, Ren, Biber, Bär sowie von einer zunächst Rhinoceros kirchbergense bezeichneten, später allerdings umbenannten Nashornart).

2) Dieses Prädikat gebührt leider dem für die Untergeschosse der Wohnhäuser und für Ställe im Hohenloher Land früher häufig verwendeten, an vielen Stellen abgebauten Lettenkeupersandstein in geringerem Maße.

3) Zu Beginn des 19. Jahrh. erbaut. Die alte Einrichtung war in einer Vollständigkeit wie wenige ihrer Art erhalten, jedoch allmählichem Verfall preisgegeben. Der Initiative von Herrn Leit. Reg. dir. Albert Rothmund ist es zu verdanken, daß der Schwäbische Heimatbund die Hammerschmiede als technisches Kulturdenkmal erworben, wiederhergestellt und der Öffentlichkeit zugänglich gemacht hat. Ein Besuch sei wärmstens empfohlen.

Abb. 11 Die alte Hammerschmiede im Gronachtal.

dung ein felsenenges, schluchtartiges Waldtal. Sicher, der Naturwissenschaftler wird sagen, das Gronachtal sei keine Urlandschaft im strengen Sinne. Wie alle Bäche, die Orte berühren, führt auch die Gronach kein kristallklares Wasser mehr, der Abwasserzusatz fördert die Brennessel, auch finden sich im naturnahen Hangwald mit viel Eichen, Hainbuchen, Haselsträuchern und auch Bergahornen einige Fichtenhorste, und vor wenigen Jahren hat ein Wanderweg mit Holzbrücke die Schlucht bequem zugänglich gemacht, die vorher nur zu begehen war, wenn man mehrfach den Bach durchwatete. Aber völlig unberührte Landschaft, das gibt es im Hohenloher Raum allenfalls noch an den steilsten Kleben, und wenn uns ein Tal wie das der Gronach naturhaft anmutet, dann durchaus zu Recht. Wir müssen nachher in Gedanken nochmals zurückkehren, können jetzt aber nicht widerstehen, dem Bach bis zur Mündung zu folgen und dann das Jagsttal abwärts zu wandern, durchfließt die Jagst – der „Steinbruchzone" glücklich entronnen – doch von der Gronachmündung bis zur Lobenhausener Mühle ihre unberührteste, abgeschiedenste Talstrecke. Meist reicht auf beiden Seiten der Wald bis zum engen Grund herab. Nur am Fuß der Gleithänge säumen schmale Wiesenstreifen den Fluß, der auf

Gronachmündung – Baierlesstein

Abb. 12 Das Jagsttal bei der ehemaligen Gaismühle.

dieser engen, unwegsamen, etwa viereinhalb Kilometer langen Strecke bei einem Gefälle von über dreieinhalb Promille die harten Bänke des Trochitenkalks durchsägt. Die Prallhänge entsteigen ihm fast unmittelbar.

Abb. 13 Die abgegangene Heinzenmühle (Nebengebäude).

Die Palme unter allen Prallhängen im Hauptmuschelkalk des Jagsttales gebührt zweifellos dem Baierlesstein, an der nach Südosten umbiegenden engen Talschlinge etwa halbwegs Gronachmündung und Lobenhausener Mühle im Herzen dieser besonders schönen Strecke gelegen. Über 60 m steigt der Hang *Baierlesstein*

Abb. 14 Der Baierlesstein (Naturschutzgebiet).

an, im oberen Teil von Felsen gekrönt, während den mittleren und unteren, immer noch sehr steilen und schwer zugänglichen Bereich Felsschutt deckt. Bergulme, Bergahorn, Esche, Sommerlinde beherrschen den urwaldartigen Bestand am schattigen, feuchten, nordseitigen Felsschutthang. Er birgt manche floristische Kostbarkeit: Hirschzunge[1]), Ruprechtsfarn, Gelappter Schildfarn (vereinzelt auch an einigen anderen Stellen des Gebietes, u. a. im Gronachtal) und Mondviole[2]) sind in erster Reihe zu nennen. Die Mondviole überkleidet ansehnliche Flächen. Man könnte sich in einem Schluchtwald der Alb wähnen! Daß der Hang des Baierlessteins im Vorfrühling sich mit einem fast geschlossenen Teppich aus Lerchensporn überzieht, zwischen dem die eigenartige Schuppenwurz erscheint, daß wenig später im Jahr das grüne Meer des Bärlauches weite Flächen bedeckt (an manchen, etwas trockeneren Stellen an seiner Statt das Waldbingelkraut), später Geißfuß und Goldnessel weithin den Boden überziehen, Aronstab und Haselwurz, Waldziest und Süße Wolfsmilch vor allem gegen den Hangfuß in großer Zahl sich einfinden und fast alle anderen Pflanzen wiederkehren, die wir in der Teufelsklinge und am Burleswagener Schloßberg sahen (darunter auch der Gelbe Eisenhut), verdient kaum noch besonderer Erwähnung. Auch manche stickstoffliebende Pflanze stellt sich ein, so der Schwarze Holunder und das Klebrige Labkraut, Schöllkraut und Echte Nelkenwurz.

Pflanzenkleid

Reizvoll ist es auch, oben an der Talkante über den Felsen zu weilen, bei den knorrigen, zum Teil bizarr geformten Eichen, Linden, Hainbuchen, Feldahornen und Weißdornbüschen, die dort den oberen Talrand gegen die Felder auf der Hochfläche malerisch säumen. Am flachgründigen, sonnigen Boden wachsen Aufrechte Trespe, Schafschwingel, Nickendes Leimkraut, Durchwachsenblättriges Hellerkraut, Kelchsteinkraut, Kleine

1) Wird von Schaaf im Crailsheimer Heimatbuch (1928) angeführt, galt aber seit langem als verschollen. Um so größer war die Freude, als ich 1963 wieder eine kleine Gruppe fand. Mittlerweile hat sich der Farn vermehrt. Sebald und Seybold geben (1973) 60–80 Büsche an. Im Einzugsgebiet der Jagst kenne ich nur noch zwei weitere Standorte: St. Wendel zum Stein (s. u.) und den Hang des Erlenbachtales bei Aschhausen. Ich möchte annehmen, daß gründliches Suchen noch durch weitere Fundplätze belohnt werden würde! Hoffentlich ist der Wuchsplatz am Baierlesstein nicht durch den neuen Wanderweg an dem früher nur sehr mühsam erreichbaren Hangfuß gefährdet! Ich muß es bedauern, daß die Erschließungssucht unserer Tage nicht einmal vor diesem ohnehin nur kleinen Refugium Halt gemacht hat.

2) Ein weiterer Standort im Gebiet der unteren Jagst, in einem kleinen Seitental bei Berlichingen. – Auf Antrag des Verf. wurde der Baierlesstein 1975 zum Naturschutzgebiet erklärt.

Bibernelle, Dornige Hauhechel, Sichelklee, Schneckenklee, Mittlerer Klee, Wundklee, Hufeisenklee, Purgier-Lein, Zypressenwolfsmilch, Behaartes Johanniskraut, Sonnenröschen, Sichelblättriges Hasenohr, Wirbeldost, Dost, Großer Ehrenpreis, Gamanderehrenpreis, Dürrwurz, Nickende Distel, Stengellose Kratzdistel, Wiesenflockenblume, Skabiosenflockenblume. Auch ein Elsbeerbaum hat sich eingestellt und im Halbschatten wächst die Ebensträußige Wucherblume.

Der Sage nach soll von hier der Raubritter Eppelin von Gailingen mit seinem Roß hinabgesprungen und seinen Verfolgern wohlbehalten entronnen sein. Der Blick auf das Tal ist beschränkt, aber eindrucksvoll genug. Rauschend grüßt aus der Tiefe die Jagst, oft zieht ein Roter Milan über das Tal und von den nahen Feldern erklingt das neckische „Peckperweck" einer Wachtel.

Bärenstein

Gegenstück zum Baierlesstein ist am sonnseitigen Hang etwas weiter talab der durch früheren Steinbruchbetrieb mitgeformte, aber nicht völlig zerstörte, allmählich „regenerierende" Bärenstein, der über 70 m emporsteigt, „einst gekrönt von einem efeuumrankten Felsenkranz" (G. Wagner, 1919, S. 53). Obwohl wenig bekannt, gehört der Bärenstein zu den schönsten Flecken im Jagsttal. Im lichten Steppenheidewald (Hainbuche, Eiche,

Abb. 15 Der Bärenstein.

Abb. 16 Blick vom Bärenstein das Tal hinauf.

Abb. 17 Blick vom Bärenstein talabwärts auf Lobenhausen (Umlaufberg).

viel Hasel, Elsbeere, Liguster, Weißdorn, Feldahorn, Berberitze, Kreuzdorn, im dichteren Schatten Heckenkirsche) finden sich Ebensträußige Wucherblume und Sichelblättriges Hasenohr, zwei an ähnlichen Stellen im Jagsttal häufige Pflanzen, außerdem u. a. Nickendes Leimkraut, Akelei, Große Fetthenne, Süßblättriger Tragant, Schwalbenwurz, Natternkopf, Bergminze, Dost, Kammwachtelweizen, Großer Ehrenpreis, Dürrwurz, Färberkamille, Breitblättrige Stendelwurz (im Halbschatten). Am kostbarsten aber ist der Teppich, den der Purpurblaue Steinsamen ausbreitet. Wie Edelsteine leuchten aus ihm die tiefblauen Blüten.

Es war ein Abend im Sommer, als ich zum ersten Mal am Bärenstein Rast hielt. Kühle, würzige Luft trägt das Rauschen des Flusses empor, der aus engem, dunklem Waldtal strömend sich in zwei Arme gabelt. Freundlich hell grüßt Bölgental mit seinen hochgiebligen Bauernhäusern und Scheuern herüber, während der Lobenhausener Berg mit seinem Kirchlein schon im luftigen Schleier abendlichen Dunstes zu zerfließen beginnt. Sanfte, dunkle, in Abenddämmer tauchende Waldberge säumen den Blick nach Süden und Südosten. Der Duft reifenden Korns liegt über dem Land und kein menschlicher Laut dringt an das Ohr.

Abb. 18 Die „Anhäuser Mauer." (Das Dach über den Figuren wurde vor einigen Jahren angebracht.)

„Anhäuser Mauer“

Verlassen auf weiter Fläche steht nordöstlich von Bölgental die Klosterruine Anhausen, die „Anhäuser Mauer“. „Erschütternd in ihrer einsamen Größe wirkt heute die auf freiem Feld stehende Anhäuser Mauer, letzter Überrest des schlanken Chors einer großen, hochgotischen Klosterkirche. Eine Reihe schöner Grabdenkmäler von Rittern aus dem Hause Bebenburg ist in das ragende Wandstück eingelassen; ringsum breitet sich Ackerfeld“ (Otto Linck, 1953, S. 149).[1])

Der Talhang dem Bärenstein gegenüber zeigt auffallende Dreigliederung, bedingt durch eine ackerbaulich genutzte Verflachung, die den bewaldeten Anstieg unterbricht. Ein Profil, das in kleineren Maßstäben fast an die Hangform erinnert, die weiter talab typisch wird, wenn der Fluß den Unteren Muschelkalk erreicht hat. Ist es dort durch den wechselnden Charakter der drei Hauptglieder des Muschelkalks bedingt, so hier durch die Erhaltung eines alten, rund 25/30 m über dem Fluß liegenden

Abb. 19 Lobenhausen.

1) „Über die Klostergründung, die bereits 1357 durch die Bebenburger erfolgt sein soll, sind wir nicht genau unterrichtet“ („Landkreis Crailsheim“, S. 237). 1359 wird eine Einsiedelei genannt. 1403 Pauliner – Eremitenkloster. Im Bauernkrieg geplündert und teilweise zerstört. 1557 von Ansbach säkularisiert. Der Grundbesitz wurde um 1700 verkauft. Den vermutlich stark heruntergekommenen Gebäuden war der Abbruch beschieden. Vgl. Zanzinger (1957).

Talbodens, der nach Südwesten umbiegt,[1]) den Lobenhausener Berg im Osten, Süden und Westen in großem, etwa zwei Kilometer langem „Dreiviertelkreis" umschlingt und bei der Lobenhausener Mühle in das vom Fluß durchströmte Tal einmündet, das den Kreis um den Lobenhausener Berg im Norden schließt. Daß es die Jagst war, welche diese Talung einst schuf und später den weit ausgezogenen Bogen an der schmälsten Stelle unter beträchtlicher Verkürzung ihres Laufes und Steigerung ihres Gefälles durchbrach, drängt sich unmittelbar auf. In der alten Schlinge erhalten blieb, knapp 60 m über den Fluß ansteigend, der von einem Kirchlein und den Resten einer Burg gekrönte Umlaufberg.[2]) „Klassische", in der geographisch-geologischen Literatur seit Eberhard Fraas oft erwähnte Stelle der Talgeschichte und gewiß einer der schönsten Winkel des Hohenloher Landes!

Lobenhausener Berg

Ehe wir weiter wandern, müssen wir in Gedanken unseren Weg nochmals ein Stück zurückverfolgen. Denn den ersten Umlaufberg der Jagst haben wir, da weniger auffallend und nicht mehr so gut erhalten wie der Lobenhausener, bislang unbeachtet gelassen. Er liegt unmittelbar östlich des untersten Gronachtales (Höhe 417,8 auf der topographischen Karte). Einen guten Überblick gewinnt man vom Feldweg am Hang nordöstlich Wollmershausens. Das alte Tal liegt etwas höher über der Jagst als das Lobenhausener (nach Wagner rund 37–27 m). Die Gronach mündete einst etwa 700–800 m weiter nördlich als heute. Sie hat seitdem gründliche Arbeit geleistet und den

Altes Tal östl. der unteren Gronach

1) Der von der Triensbacher Gegend kommende Grundbach, der bei niedriger oder mäßiger Wasserführung im Unterlauf versickert, hat in den alten Talboden eine schmale Kerbe gerissen, das von Herboldshausen zufließende, im Unterlauf ebenfalls zeitweilig versinkende Bächlein seinen unteren Teil etwas ausgeräumt.

2) Die Kapelle ist ein romanischer Rechteckbau mit Apsis und holzverschaltem Türmchen. Vor einigen Jahren unter Beseitigung von Einbauten renoviert. Unmittelbar dabei die wenig umfangreichen Reste der hochmittelalterlichen, 1525 zum Teil zerstörten, als Amtswohnung wieder aufgebauten, anscheinend gegen Ende des 30jährigen Krieges erneut in Mitleidenschaft gezogenen und später zerfallenen Burg. Nach Mitteilung von Anwohnern hat das Mauerwerk im letzten Krieg durch in der Nähe niedergegangene Bomben gelitten. Renoviert. Von Efeu und verwilderter Weinrebe umrankt. Ein runder Torbogen begrenzt das Areal von Burg und Kapelle gegen den Zugang (von Westen). Der Weiler Lobenhausen zieht sich vom alten Talboden den Hügel hinauf. – „Die zuweilen Grafen genannten Edlen von Lobenhausen waren wahrscheinlich Nachkommen oder mindestens Erben der Maulachgaugrafen; sie spielten von 1085 bis etwa 1250 im Bezirk und am staufischen Hof eine große Rolle" („Landkreis Crailsheim", S. 214). – Etwas abseits des Jagsttales liegt der Weiler Erkenbrechtshausen. Sein Schloß ist ein einfacher, aber doch eindrucksvoller Bau, der an die Stelle einer 1525 zerstörten Wasserburg trat. Gräben gut erhalten, z. T. noch wassergefüllt. Schöner Baumbestand. Das Schloß bedarf dringend der Renovierung!

Lobenhausen

Erkenbrechtshausen

westlichen (unteren) Teil des alten Talbodens bis auf einen kleinen Rest zerstört, der heute als Terrasse am Hang des Gronachtales erscheint. Wohl erhalten blieb dagegen der östliche (obere Teil), über den sich im Westen nicht sehr hoch, aber doch recht deutlich, der laubwaldbedeckte Umlaufberg erhebt. Den noch durchaus scharf profilierten, nach Westen blickenden Hang des alten Tales deckt überwiegend Halbtrockenrasen, von Gehölzgruppen und -streifen (z.T. auf Steinriegeln) malerisch unterbrochen (Schlehe, Hainbuche, Feldahorn, Hasel, Eiche). Der ehemalige Talboden dient dem Ackerbau. Ein abgeschiedenes, friedliches Fleckchen Erde![1])

Abb. 20 Ackerbaulich genutzte Talterrasse (bei der Heinzenmühle).

Auf wiesen- oder ackerbedeckte Reste alter Talböden stoßen wir auch an anderen Stellen dieses Bereichs. Sie beleben und gliedern die Tallandschaft ohne sie in ihrer Wucht und Schroffheit zu mindern. Georg Wagner hat sie ausführlich beschrieben.[2]) Am eindrucksvollsten ist die alte Talbucht unmittelbar südlich von Bölgental.[3]) Ausgedehnte Talterrassen finden sich links der

Talterrassen

1) S. Anmerkung auf S. 174 sowie S. 169.

2) Vgl. zu den Talterrassen und Umlaufbergen der Jagst vor allem Wagner, 1919, S. 51–57, ferner 1922, S. 132 ff. sowie 1928, S. 37 und Abb. auf S. 3, 30 und 43.

3) S. Abb. 6

Jagst von etwa der Höhe der Gaismühle bis nordöstlich des Baierlessteins; eine kleine Terrasse liegt bei der wilden Felsklinge, die ein temporäres Bächlein mit noch ganz unausgeglichenem Gefälle nordwestlich von Bölgental eingerissen hat. Zum Teil fallen die alten Talböden etwa mit dem oberen Rand der mächtigen, sehr widerstandsfähigen Quader des Trochitenkalks zusammen, so die Bucht von Bölgental.

Abb. 21 Die alte Talschlinge bei Mistlau mit bewaldetem Umlaufberg. Im Bild rechts der heutige Flußlauf.

Mistlauer Umlaufberg

Nun aber weiter mit dem eilenden Fluß! Etwa ein Kilometer unterhalb der Lobenhausener Mühle gegen Mistlau folgt die dritte verlassene Talschlinge mit einem Umlaufberg. Der alte Talboden liegt nach Wagners Angaben 20–15 m über der Jagst, seinen unteren Teil hat der kleine Steinbach etwas ausgeräumt. Laubwald überzieht heute die alten Trochitenkalkbrüche auf dem Umlaufberg, der sich (nach der top. Karte) etwa 34 m über den Fluß erhebt. In ihren Maßen und ihrer landschaftlichen Wirkung bescheidener als die Lobenhausener, ist die Mistlauer Talschlinge doch eine flußgeschichtlich ähnlich eindrucksvolle Bildung.

Die Jagst hat nun den Hauptmuschelkalk (Oberen Muschelkalk)

Mittlerer Muschelkalk durchsägt.[1]) Der Mittlere Muschelkalk („Salzgebirge“) macht ihr die Arbeit wesentlich leichter. Seine Schichten (Steinsalz, Gips, Anhydrit, Tone, Mergel, als härteres Gestein allerdings auch Dolomit) leisten der Auflösung und Abtragung im ganzen viel weniger Widerstand. Ursprünglich ähnlich mächtig wie der Hauptmuschelkalk, ist er durch Auslaugung stark geschrumpft. Dadurch verliert der Hauptmuschelkalk seine Stütze, die steilen Felsmauern stürzen herunter, allmählich böschen sich seine Hänge flacher ab, wenn auch immer noch ungleich steiler als im Mittleren Muschelkalk. Das Tal beginnt sich zu weiten und Siedlungen Raum zu geben.

Abb. 22 Mistlau.

Mistlau Idyllisch lagert sich Mistlau am rechten Ufer des Flusses. Die hohen, steilen Giebel seiner Scheuern und Bauernhäuser spiegeln sich in den Wellen. Den gotischen Chor der vom Friedhof umgebenen Kapelle schmücken Wandgemälde aus der ersten

1) Die Mächtigkeit des Hauptmuschelkalks bewegt sich im Bereich des mittleren Jagsttals etwa zwischen 60 und 80 m, flußabwärts gesehen zunehmend. Wagner (1928) gibt für das Gebiet des ehemaligen Oberamts Crailsheim, also den südöstlichen Teil unseres Talabschnittes, rund 60 m an. Regelmann (zitiert aus den „Begleitworten“ zur geognostischen Spezialkarte von Württemberg, Atlasblätter Mergentheim, Niederstetten, Künzelsau und Kirchberg, 1892) maß bei Langenburg 73 m, bei Mulfingen etwa 75 m, bei Bartenstein (Gebiet des Ettetals) rund 71 m, bei Billingsbach (Rötelbachtal) nur etwa 60 m (vollständiges Profil?). Simon (1975) nennt für den Raum Dörzbach – Krautheim eine Mächtigkeit von rund 80 m. Die Mächtigkeit des Mittleren Muschelkalks kann durch Auslaugung auf 30 m herabgehen. Simon gibt für den Dörzbacher Raum 33–40 m bei ursprünglich 60–80 m an.

Hälfte des 15. Jahrhunderts.[1]) Außer einsamen Mühlen und dem im wesentlichen in einem Seitental gelegenen, nur randlich ins Jagsttal hereingreifenden Neidenfels der erste Ort unmittelbar im Tal nach den rund fünfzehn Kilometern seit der Heldenmühle!

Abb. 23 Schloß Hornberg.[2])

1) Der Chor (mit wertvollen Wandmalereien) aus der ersten Hälfte des 15. Jahrhunderts. Erweiterung der Kapelle im späten 18. Jahrhundert. Dachreiter im Osten. In der Chorwand zwei Tabernakel aus dem 15. Jahrhundert. Bemerkenswert außerdem zwei Heiligenfiguren (ausgehendes Mittelalter) von dem heute in Stuttgart befindlichen Altar sowie ein Grabmal (erste Hälfte des 17. Jahrhunderts). Vgl. „Anonymus" (1859). – Von einem kleinen, gegen Ende des 13. Jahrhunderts gegründeten, 1479 aufgehobenen Benediktiner-Nonnenkloster sind keine nennenswerten Reste mehr vorhanden. (S. auch Schaeff-Scheefen, 1949.)

2) An der Spitze des Vorsprungs, (s. „Horn"!) der Hochfläche im Mündungswinkel des Steinbachtales mit dem Jagsttal. Auf die Stauferzeit zurückgehend. Wohlerhaltene, stattliche Anlage, in der sich mittelalterliche Bauteile (spätromanische und gotische) mit Elementen der Renaissance zu einem harmonischen Ganzen vereinen. Trotz des schloßartigen Ausbaus in der Renaissancezeit (geschweifte Giebel) überwiegt im Gesamtbild der wehrhafte Charakter (Bergfried aus Buckelquadern, Schildmauer und Tor im Osten, Wehrmauer im Süden, Zwinger, im Westen Rundturm) und von weitem erscheint Hornberg ganz als trutzige Burg. – Wahrscheinlich Gründung der Edlen von Sulz, Verwandte der Herren von Hornberg. Die Edelknechte von Hornberg (hohenlohische Lehensleute) verkauften die Burg 1339/72 an die Hohenlohe. Nach mehrfachem Wechsel 1456/59 und 1504 in zwei Teilen von den Herren von Crailsheim erworben. Die Oberhoheit besaß Ansbach. – Der Weiler östlich an die Burg anschließend, durch einen Graben (Brücke aus Muschelkalk) getrennt. Im älteren Teil kleine Häuser beidseits *einer* Straße. Im Mittelalter außer der Burg nur wenige Gebäude. Von dem 1373 einem Zweig der Hohenlohe verliehenen Recht, Hornberg zur Stadt auszubauen, wurde kein Gebrauch gemacht. Offensichtlich wirkte die unmittelbare Nähe von Kirchberg hemmend. Erweiterung zur Weilersiedlung seit Ende des 16. Jahrhunderts durch Ansiedlung Heimatloser, die vielfach als Hausierer ihren Unterhalt fanden. *Hornberg*

Abb. 24 Der Ockenauer Steg. Im Hintergrund Schloß Hornberg.

Ernst blickt der wuchtige Bergfried von Burg Hornberg auf die friedliche Wiesenaue beim überdachten Ockenauer Holzsteg. Wir nähern uns einem neuen Glanzpunkt der Jagstlandschaft:

Kirchberg Kirchberg.[1]) In enger Anlehnung an die Geländeform liegen Schloß und Altstadt auf einem Hochflächensporn, der im Norden und Nordosten zum heutigen Jagsttal, im Süden zu einer alten, verlassenen Talschlinge abfällt. Auch gegen Südwesten ist eine natürliche Stufe gegeben, bedingt durch die von der Heldenmühle her bekannte „Jagstverwerfung" (Crailsheim-Kirchberger Verwerfung).[2]) „In Kirchberg liegen Altstadt und Schloß, obwohl sie auf Muschelkalk stehen, wesentlich höher als der neue Stadtteil, der zum Teil auf Lettenkeuper erbaut ist. Durch die Verwerfung erhielt Kirchberg ... die beherrschende Lage"

1) Auf kulturgeschichtlich bedeutsame, häufig beschriebene Orte hier ausführlich einzugehen, hieße, oft Gesagtes wiederholen. Der Wanderer kann sich leicht an weit verbreiteten Kunstführern, populären Reisebüchern u. ä. orientieren. Hinweise auf die wichtigsten, im Orts- und Landschaftsbild sich widerspiegelnden geschichtlichen und baugeschichtlichen Ereignisse mögen uns genügen.

2) Die Verwerfung setzt nördlich von Crailsheim ein und verläuft über den Lobenhausener Umlaufberg nach Kirchberg. Von dort „läßt sie sich weiter verfolgen bis zum Sommerhof östlich Diembot" (Zander, 1973, S. 100). Die Sprunghöhe beträgt bei Kirchberg 35 m, sonst etwa 20–30 m. Die von G. Wagner beschriebene, durch die Verwerfung bedingte Einsattelung des Lobenhausener Bergs ist nur sehr schwach ausgeprägt. Wagners Bild („Landschaftsformen", S. 53) wirkt übersteigert.

Abb. 25 Kirchberg.

(Georg Wagner, 1919, S. 72). Auf der Spitze des Sporns lag die mittelalterliche Burg.[1]) Unter den Hohenlohe wurde im Anschluß an sie die Stadt Kirchberg gegründet,[2]) die sie 1384 an sieben Reichsstädte verpfändeten. Rothenburg, Hall und Dinkelsbühl, die 1398 Kirchberg erworben hatten, bauten die Stadt zu einer Festung an der wichtigen Straße Hall–Rothenburg aus. Einen weiteren großen Einschnitt ihrer Geschichte bedeutet die Rückerwerbung durch die Hohenlohe 1562. Nun nahm ab dem Ende des 16. Jahrhunderts die Entwicklung zur Residenzstadt ihren Anfang. Beide Epochen prägen noch heute das Bild der Altstadt: Die (besonders gegen Südwesten) bedeutenden Reste der Stadtmauer mit schlankem, hohem Rundturm[3]) ebenso wie das umfangreiche, mehrteilige, um drei Höfe gelagerte Schloß mit seinen Nebengebäuden, an dem Renaissance- und

1) In der Zeit um 1200 entstanden. „Als Erbauer der Burg kommen in erster Linie die Herren v. Kirchberg aus einer Seitenlinie der Sulz in Frage". Das Gebiet gehörte damals „wohl zur Herrschaft Lobenhausen". (Beide Zitate aus „Der Landkreis Crailsheim", S. 282.) 1313 kam die Burg als Würzburger Lehen an die Hohenlohe.

2) Stadtrechte 1373 durch Kaiser Karl IV.

3) Ein zweiter Eckturm wurde zum Turm der Kirche im Nordwesten der Altstadt umgestaltet. Sie galt bis zum Brand 1929 als schönstes Beispiel einer evangelischen Barockkirche im Hohenloher Land (um 1730). Äußere Form im wesentlichen erhalten. (Vgl. z. B. R. Schlauch, 1964, S. 119.) – Das Stadttor wurde 1774 umgebaut.

Barockzeit gearbeitet haben.[1]) Zum Bild der Fürstenresidenz gehörten auch Parkanlagen im Anschluß an Schloß und Stadt sowie auf dem Sophienberg[2]), zum Teil erhalten und vorbildlich gepflegt. Leider beginnt die einst prächtige Lindenallee an der Straße nach Crailsheim zu kränkeln und lückig zu werden.

Sophienberg

In ihrem älteren Teil stammt die im Südwesten anschließende, von der Altstadt durch Tor und Graben getrennte Vorstadt mit langgestrecktem Markt aus dem 18. Jahrhundert. Erweiterungen des 19. Jahrhunderts schließen sich an, und auch in neuerer und neuester Zeit entwickelt sich Kirchberg recht lebhaft (und nicht unbedingt zu seinem Vorteil) weiter im Südwesten der älteren Stadtteile.

Unabhängig von der städtischen Siedlung entstand im Talgrund auf der anderen Flußseite als zweiter Ortskern der Burgweiler Sulz zu Füßen der gleichnamigen Burg.[3]) [4]) Er gelangte zusammen mit der Stadt unter die Herrschaft der Reichsstädte. Noch

Burg Sulz

1) Zwischen 1590 und 1760. Siehe die ausführliche Abhandlung von Grünenwald (1954). Das Schloß der Renaissancezeit wurde „von Grund aus neu erbaut, der Verlauf der heutigen Außenmauern mag aber teilweise den alten Fundamenten gefolgt sein" (S. 179).

2) Ein Hauch versunkener höfischer Zeit schwebt noch über diesem einzelstehenden Hügel im Südosten des Städtchens. Der englische Park hat sich längst zu einem Laubwald entwickelt, aber seine „Gipfelfläche" deckt der lichte Schatten eines Hains aus Linden und einigen anderen schönen alten Bäumen, und ein Pavillon mit kleiner künstlicher Ruine träumt noch von fürstlichen Festen. Durch die Bäume blicken Kirchberg und Burg Hornberg herüber. – G. Wagner beschreibt den Sophienberg als Umlaufberg (1919, 1921, 1922). Nach Gradmann (1928, 1931) handelt es sich um einen Durchbruchberg anderer Art, um einen Sehnenberg, entstanden durch seitlichen Durchbruch der Jagst zum Gaggstatter Steinbach. Er erhebt sich 50 m über den Fluß, der alte Talboden liegt nach Wagner oben 13 m, unten 7 - 8 m über der Jagst. Das heutige Tal schneidet die alte Schlinge an (vgl. Wagner 1922, S. 139, Bild 47). Kurz oberhalb der Kirchberger Jagstbrücke nagt der Fluß unter Bildung eines Klebs am Sophienberg. – Vgl. zur Talbildung in diesem Raum auch Scheu (1909, S. 398/399). Mammutreste, die man hier und im alten Tal von Lobenhausen fand, geben wertvolle Hinweise auf das Alter dieser verlassenen Schlingen.

3) Von den Edlen von Sulz um die Mitte des 12. Jahrhunderts in Spornlage an der Mündung des Steinbachtals westlich von Hornberg erbaut; im Bauernkrieg zerstört. Außer Gräben nur sehr bescheidene Mauerreste erhalten, aber die Stätte der Burg von einem stimmungsvollen Hain aus Eschen, Eichen, Ahornen und anderen Laubbäumen bestanden.

Sauerbrunnen

4) Über den Sauerbrunnen in der Talaue unterhalb des Ortes am Rande einer weiten, vom Fluß verlassenen Bucht s. „Der Landkreis Crailsheim", S. 277/78. Er entstammt dem Mittleren Muschelkalk, der hier etwa 20 m unter dem Talboden ansteht. Der Aufstieg des an mehreren Stellen zu Tage tretenden Wassers wird durch die starke tektonische Zerrüttung bei Kirchberg begünstigt, wo sich „die Fränkische Furche und die Crailsheim-Kirchberger Verwerfung kreuzen" (Carlé, a. a. O., S. 278).

heute trägt „Kirchberg im Tal“ vergleichsweise dörflichen Charakter.[1]) Einst querte dort die alte Straße Hall - Rothenburg über eine Furt den Fluß. 1779 wurde eine schöne fünfbogige Steinbrücke mit Erkern erbaut.[2])

Abb. 26 Die Kirchberger Jagstbrücke.

Am eindrucksvollsten präsentieren sich Schloß und Stadt aus Südosten, vom alten Talboden beim Sophienberg, doch überrascht Kirchberg von zahlreichen anderen Stellen her immer wieder mit neuen malerischen Bildern. Mittelalterliche Festung, liebenswerte Kleinresidenz der Renaissance und Barockzeit auf der Höhe und bäuerlich-handwerkerliche Siedlung im Tal, Burg Hornberg, Burgstätte Sulz und Sophienberg, das vielgewundene Tal mit alter, verlassener Schlinge, weiter Bucht und steilen, laubwaldbedeckten Hängen – sie sind zu einer untrennbaren

1) Dankbar gedacht sei hier des in „Kirchberg im Tal“ ansässigen, 1969 verstorbenen Herrn Ludwig Seitz, eines hervorragenden Kenners der Flora unseres Raumes. Er steuerte viele floristische Angaben zu Hanemanns und Mürdels Schriften bei. Sein wertvolles Herbar bewahrt Apotheker Schimpf in Kirchberg auf. Ich verdanke Herrn Seitz die Kenntnis zweier floristischer Kostbarkeiten der Kirchberger Gegend, des Hohen Veilchens am Fuß des Sophienberges und des Bunten Perlgrases in den Hangwäldern.

2) Gegen Ende des 2. Weltkrieges gesprengt, wieder hergestellt. – Die Oberamtsbeschreibung (1847) gibt übrigens als Erbauungsjahr im Unterschied zu anderen Publikationen 1799 an.

Abb. 27 Kirchberg von Nordwesten.

Einheit verwoben. Sieht man von einigen Bauten neuesten Datums ab, was sich bei deren abgesetzter Lage von vielen Blickpunkten her glücklicherweise von selbst ergibt, so liegt über diesem Herzstück der Jagsttallandschaft noch immer der ganze Zauber des von der modernen, uniformierenden Entwicklung Unversehrten, Unberührten.

Von Kirchberg zur Brettachmündung

Fränkische Furche

Bedingt durch tektonisch tiefe Lage (Fränkische Furche) verläuft das Jagsttal bei Kirchberg im Hauptmuschelkalk. Erst zwischen Diembot und Hessenau erreicht der Fluß wieder den Mittleren Muschelkalk. Die Fränkische Furche spiegelt sich im Landschaftsbild deutlich wider. Bereits die Oberamtsbeschreibung Gerabronn von 1847 weist darauf hin. „Typisch tritt sie bei Dörrmenz heraus. Nordwestlich des Ortes steigt der Muschelkalk auf 415–420 m empor, und bei Leofels hat er eine ähnliche Höhenlage. Steht man auf dieser Höhe von Dörrmenz, so sieht man unter sich eine weite abgesunkene Ebene, die sich gegen Kirchberg hinzieht. Die Furche prägt sich hier landschaftlich sehr scharf aus. Gegen das Dorf Dörrmenz sinken die Schichten sehr rasch ein (4 %). Man sieht das Fallen an jeder Platte, und im Ort am Bach ist die Tiefenlinie der Furche[1])... Die Absenkung ist hier am stärksten, über 50 m. Bei Lendsiedel-Eichenau liegt der Muschelkalk ähnlich tief..." (Wagner, 1919, S. 62; vgl. auch Lander, 1930). Die trotz widerstandsfähiger Schichten beträchtliche Breite der zu Versumpfung neigenden Sohle des Tales zwischen Kirchberg und Eichenau steht vielleicht mit diesen tektonischen Verhältnissen im Zusammenhang. Auffallend gestreckt verläuft das Tal um Eichenau im Vergleich zum überaus starken Mäandrieren im selben Gestein oberhalb von Lobenhausen. Der linksseitige Hang[2]) oberhalb von Eichenau ist ungewöhnlich niedrig, doch bildet er ein schönes, felsiges, bewaldetes Kleb, während den rechtsseitigen, höheren Talhang mehr und mehr verwildernde, heideartige Vegetation malerisch kleidet, u. a. mit Wollkratzdistel, Stengelloser Kratzdistel, Dürrwurz, Scharfem Berufkraut und einzelnen Eichen. Steinriegel und verfallende Muschelkalkmauern künden von früherer intensiverer Nutzung, vielleicht über längere Zeit hinweg als Weinberg. Hübsch und nur wenigen bekannt ist der Blick von dort über das von keiner Straße berührte Tal auf Kirchberg.

Kirchberg-Eichenau

Eichenau Diembot Hessenau

Eichenau, Diembot und Hessenau haben bis heute ihren Cha-

1) Obere Muschelkalkgrenze bei 362–365 m Meereshöhe.

weite Bucht zwischen Eichenau und Lendsiedel..." (die man als einen tiefer den Teil der Hochfläche empfindet) „ist wohl eine alte Flußschlinge, von der einst luß abglitt" (Wagner, a. a. O., S. 56).

Abb. 28 Die Eichenauer Brücke.

rakter als ländliche Weiler bewahrt. Verträumt spiegeln sie sich im Wasser des Flüßchens, das bald rasch durchs graue Gestein sich drängt, bald durch Mühlenwehre gestaut ruhig dahinzieht, von alten Steinbrücken überwölbt.[1]) Zwischen Diembot und Hessenau ist das erneut stark mäandrierende Tal ohne befahrbaren Weg. Waldige Hänge begleiten die friedliche, grüne, recht schmale Wiesenaue. Bei Hessenau wird das Tal wieder offener. Wenig begangen ist die unterhalb Diembots ausmündende, scharf und tief in den Hauptmuschelkalk eingeschnittene, waldige Schlucht des Scherrbaches. Wer ein (trotz stellenweiser Verfichtung) weitgehend urtümliches, erfreulich unerschlossenes Tal kennen lernen will und ein wenig Beschwerlichkeit nicht scheut, dem sei ein Abstecher dem Scherrbach entlang nach Dörrmenz hinauf empfohlen. Nach G. Wagner (1919) hat der Scherrbach an seiner Mündung die Jagst aus einer alten Talbucht abgedrängt.

Scherrbachschlucht

1) Die Eichenauer Brücke (erbaut um 1767/68, vgl. Schumm, 1952) wurde nach teilweiser Zerstörung gegen Ende des letzten Krieges in alter Form, aber verbreitert, wiedererstellt. Die abgegangene, überdachte Holzbrücke bei Hessenau, die auf zwei Pfeilern ruhte, war nach der Abbildung im „Verwaltungsbericht der Königl. Ministerialabteilung für den Straßen- und Wasserbau" (1901) ausgesprochen malerisch. – Sehr ansprechend wiederaufgebaut wurde in jüngster Zeit die Heppachbrücke an der Straße Lendsiedel – Dörrmenz (südwestlich von Eichenau). Zollstein („Hochgräflich HOHENLOH Kirchbergischer Zoll") von 1755 mit Wegweiser. (Die Ortsnamen stehen auf der verkehrten Seite. Vermutlich hätte der Stein also gegenüber aufgestellt werden müssen.)

Abb. 29 Diembot.

„Ahorn-Lindenwald“

Am knapp 100 m hohen Talhang oberhalb von Hessenau (Weinberg) liegt das Naturschutzgebiet „Ahorn-Lindenwald“. „Auf den von kantigen Kalksteinblöcken überschütteten Hängen dominiert die Sommerlinde mit hohem Deckungsgrad, begleitet vom Bergahorn; dazu kann sich der Spitzahorn gesellen.“ Die Buche tritt auf solch bewegtem, grobem Material nur einzeln auf. „Die Linde und die Ahornarten wachsen zu prächtigen, langschäftigen, geraden Stämmen heran.[1] Infolge teilweiser Mittelwaldnutzung sind Stockausschläge häufig“ (beide Zitate aus Roser, 1962, S. 67). Für die Strauchschicht sind Hasel, Wilde Stachelbeere und beide Holunderarten typisch. „In der Krautschicht... haben sich zahlreiche Arten angesiedelt, die Vorliebe für Frische und Nährstoffreichtum bekunden, wie ihn die zwischen den Blöcken sich bildende Schutt-Mullrendzina zu bieten vermag, so das Springkraut, die Zweihäusige Brennessel, die Echte Nelkenwurz u. a.“ (Roser, a. a. O., S. 68/69; Pflanzennamen verdeutscht). Die Unterschutzstellung soll die ungestörte Weiterentwicklung des Waldes gewährleisten. Nach freundl. Mitteilung von Herrn H. P. Fuchs brüten hier Mittel-

1) Kurz vor der Unterschutzstellung (1969), mit der sich die Fürstl. Hohenlohe-Langenburgische Verwaltung als Eigentümer einverstanden erklärt hat, sind allerdings einige schöne Bäume entfernt worden.

specht, Schwarzspecht und sehr wahrscheinlich auch die Hohltaube. Er kennt im stillen, wenig berührten Tal um Diembot und Hessenau noch einige weitere bemerkenswerte Brutplätze: Je einen des Wespenbussards, des Sperbers und des Baumfalken sowie des in der Ebene häufigen, im Jagsttal aber seltenen Turmfalken. Mag der vogelkundlich nicht speziell bewanderte Besucher des Jagsttales Wespenbussard und Baumfalken übersehen bzw. anderen, geläufigeren Arten zuordnen – nicht verkennen wird er den mächtigen Roten Milan, die „Gabelweihe", ähnlich wie der Reiher aus der Jagsttallandschaft nicht fortzudenken.

„Jetzt ist der Wald hochaufgeschossen um das verlassene dachlose Mauerviereck; und wenn der Wind die Waldwipfel auseinanderbeugt, zeigen sich Spitzbogenfenster von ungeahnter Pracht. In solcher Wildnis die zartesten Säulen und Maßwerke, in jenem Übergangsstil vom Romanischen ins Gotische, der gerade im Fränkischen die höchste Verfeinerung erreichte." So erlebte Eduard Paulus gegen Ende des vorigen Jahrhunderts

Abb. 30 und 31 Ruine Leofels.

Abb. 31

Leofels, die bedeutendste Burgruine in weitem Umkreis.[1]) Vor einigen Jahren ist sie renoviert und das Gehölz bis auf eine einzelstehende, hochragende Buche entfernt worden. Mochte die Ruine dadurch anfangs gar zu nüchtern erscheinen, so kommt sie dafür jetzt im Bild der Tallandschaft stärker zur Geltung, und das Gebüsch beginnt schon wieder an ihrem grünen Kleid zu weben. Ihren romantischen Zauber vermag sie noch immer auszuüben. Folgen wir Rudolf Schlauch, dem

Leofels

1) Zur Zeit Kaiser Friedrichs II. erbaut, vermutlich als Reichsburg. Graf Waldburg-Wolfegg denkt „ohne Beweismöglichkeit... an ein dem [staufischen] Herrscherhaus gehörendes Jagdschloß" (1964, S. 104). Auf einem Sporn, den eine kleine Seitenklinge von der Talwand herausgelöst hat, rund 100 m über dem Fluß. Außer den Bauteilen der späten Romanik und der frühesten Gotik auch Elemente der Spätgotik und der Renaissance. Zur wechselvollen, aber nie bedeutenden Geschichte vgl. z. B. die Zusammenstellung in „Der Landkreis Crailsheim" (S. 379). Siehe u. a. auch die Beschreibungen von Schumm (1951, 1969 und 1973, S. 108). „Mit dem weitgehend erhaltenen Aufbau von Palas und Kemenate und deren reichgeschmückten Fensterformen ist Leofels eines der hervorragendsten Beispiele staufischer Burgenbaukunst überhaupt" (Schumm, 1977, S. 36). – Die Burg wurde 1707 durch Blitzschlag stark beschädigt, doch erst 1864 wurden „die Ziegel auf den Dächern und die Holzteile der Inneneinrichtung im öffentlichen Aufstreich verkauft" (Schumm, 1951, S. 48), nachdem der Bergfried schon im 18. Jahrhundert abgetragen worden war. Der Zerfall schritt nach der Beseitigung des Daches sicher rasch voran. Nach der Oberamtsbeschreibung Gerabronn (1847) ist die Burg „aber längst, wahrscheinlich seit dem Absterben derer v. Vellberg, nicht mehr bewohnt und seit langem wegen Baufälligkeit auch nicht mehr bewohnbar" (S. 288).

begeisterten Künder Hohenlohes (1962, S. 112): „Die Talfront ihres Palas ist ein einmaliges Beispiel großartiger Burgenbaukunst des Hochmittelalters. Die wunderbar geformten Fenster verraten die Herkunft ihres Baumeisters aus der staufischen Bauschule, hinter den Rund-und Spitzbogen dämmert das Grün des Waldes, der schöne Raum des ehemaligen Rittersaales mit seinen romanischen Bogen, der Blick von der Mauerecke des äußeren Burghofes über das Jagsttal hinüber auf die fernen Höhen des fränkischen Berglandes vermittelt einen Gesamteindruck, dem sich kein Besucher der Burg entziehen kann."

Abb. 32 Blick von Leofels das Tal hinab.

Das Brettachtal

Abb. 33 Bügenstegen im Brettachtal.

Bei Elpershofen mündet die Brettach, kräftigster Zufluß im Mittellauf der Jagst. Ihre Quellbäche reichen zum Teil bis in die Vorhügel der Frankenhöhe zurück, von der sich die Jagst schon weit nach Westen entfernt hat. So beträgt ihre Länge (nach grobem Abmessen auf der top. Karte 1: 25 000) immerhin rund 30 km bei einem Einzugsgebiet von rund 180 km^2. Im Oberlauf fließen die Brettach und ihre Seitenbäche größtenteils in regulierten, vielfach mit Betonschalen gepflasterten Betten durch flache Mulden der Hochfläche. Bei Brettenfeld beginnt das Muschelkalktal. Trotz Großsteinbruch nahe seines Einganges unterhalb von Brettenfeld, trotz Verfichtung an einigen Stellen und trotz großer Staubecken bei Beimbach (mit toter Talschlinge unterhalb!) sowie im untersten Teil des Blaubachtales gehört das Brettachtal im ganzen noch immer zu den ruhigsten,[1]) schönsten Tälern Hohenlohes. Es ist ein verkleinertes Abbild des Jagsttales mit recht weit ausholenden Schlingen im Bereich des Hauptmuschelkalkes. *Brettach*

1) Das Brettachtal wird zwar von einigen kleineren Straßen gekreuzt, im Tal selbst (am Hang) verläuft aber auf etwas größerer Strecke nur die Straße Elpershofen–Gerabronn. Sonst ist es bis heute vom Straßenbau verschont geblieben.

Salzbrunnen Auf einer kleinen Insel knapp einen Kilometer nordwestlich von Beimbach entspringen an mehreren Stellen salzreiche Quellen[1]). Die Brettach hat sich dort in den Trochitenkalk eingeschnitten, das Wasser entstammt jedoch dem 10 bis 12 Meter unter dem Talboden anstehenden Mittleren Muschelkalk. In der zweiten Hälfte des 18. Jahrhunderts, den letzten Jahrzehnten der markgräflichen Zeit, wurde hier mit beschränktem Erfolg Salz gewonnen. Auch nachdem die Saline den Betrieb eingestellt hatte,[2]) blieb die kleine Ansiedlung längere Zeit weiter bestehen. Noch in der Oberamtsbeschreibung von 1907 wird sie unter den zur Gemeinde Beimbach gehörenden Weilern und Einzelhöfen angeführt, allerdings als unbewohnt.[3]) Die letzten Reste der Wüstung verschwanden vor einigen Jahren beim Bau des Staubeckens[4]).

Etwa auf der Höhe der Ruine Werdeck erreicht die Brettach den Mittleren Muschelkalk. Anmutig liegen die kleinen Weiler

Abb. 34 Liebesdorf.

1) Vgl. die auf S. 220 der Kreisbeschreibung wiedergegebene Analyse.

2) Auf den Rat Alexander von Humboldts, der sie 1792 besucht hatte.

3) Nach der Kreisbeschreibung (S. 173) wurde der „Nebenwohnplatz Salzbrunnen“ 1939 aufgegeben. – Zur Geschichte der Saline und zu ihren geologischen Voraussetzungen siehe Carlé (1963).

4) Vgl. hierzu Mattern (1968).

Abb. 35 Das unterste Brettachtal mit Blick zum Jagsttal.

Bügenstegen und Liebesdorf[1]) im geräumiger gewordenen, rund 100 m tiefen Tal. Ein lieblicher Blick bietet sich von der Straße nach Gerabronn oberhalb von Liebesdorf das Tal hinab, durch dessen wiesengrüne Aue die Brettach in gehölzbestandenem, natürlichem Bett der Jagst zufließt.

Bebenburg

Nimmt es wunder, daß durch Talschlingen oder Seitentäler von der Hochfläche teilweise abgetrennte Bergsporne auch hier einst zum Bau von Burgen einluden? Die Ruinen der Bebenburg und der Burg Werdeck verbergen sich im Wald. Einst spielten die Ritter von Bebenburg eine recht wichtige Rolle in der lokalen Geschichte und über diese hinaus, so als Gründer des Klosters Neusaß/Schöntal. Im 14. Jahrhundert war ein Bebenburger Bischof von Bamberg. Er trat auch als Verfasser staatspolitischer Schriften hervor. Im Mündungswinkel von Brettach- und Blaubachtal gelegen und durch einen sehr tiefen, wohlerhaltenen Graben geschützt, besaß die im 12. Jahrhundert erbaute, bereits 1449 im Städtekrieg zerstörte Burg gute Verteidigungslage. Heute träumt nur noch ein Rest des Bergfriedes von versunkenem Glanz. Mächtige Eichen geben ihm Gesellschaft. Von der

1) Außer Mühlen die einzigen Orte unmittelbar im Talgrund. Kleinbrettheim reicht zwar mit einigen Gebäuden noch in die Talsohle bei der Blaubachmündung hinab, liegt jedoch im wesentlichen am Hang.

Werdeck Burg Werdeck auf einem Sporn über der Brettach östlich Bügenstegens haben sich außer zwei tiefen Halsgräben gegen Süden (Vor- und Hauptburg) nur noch wenige Mauerreste auf unsere Zeit herübergerettet.[1])

Amlishagen Den außerordentlichen Umfang von Burg bzw. Schloß Amlishagen auf einem durch eine Klinge abgetrennten Vorsprung der Hochfläche ahnt der Wanderer im Tal kaum, denn fast allzu bescheiden versteckt sich diese trotz teilweiser Verwahrlosung noch immer sehr eindrucksvolle Anlage hinter dem Laubwald und -gebüsch des Talhanges, und auch dem vom Dorf kommenden Besucher offenbart das Schloß nicht unmittelbar auf einen Blick seine volle Größe. Eine Übersicht, wie sie sich nur aus der Höhe gewinnen ließe, bietet z. B. die Skizze von Pfefferkorn (1973, S. 39). Von der hochmittelalterlichen Burg der Ritter von Amelungeshagen gibt die gewaltige Schildmauer großartiges Zeugnis (Wendeltreppe in der Mauer, überwölbter Wehrgang).

Abb. 36 Amlishagen. Die Schildmauer der mittelalterlichen Burg.

1) 1220 zum ersten Mal erwähnt. Ein Graf von Lobenhausen nennt sich damals nach der Burg. In der zweiten Hälfte des 13. Jahrhunderts hohenlohisch, später ansbachisch. Mehrmals verpfändet. Verwaltungsmittelpunkt für die Umgebung. Bis um die Mitte des 16. Jahrhunderts Sitz eines adeligen Amtmannes. Damals Verlagerung des Amtssitzes nach Gerabronn. Der Name „Werdeck" für das Amt blieb jedoch fortbestehen. – Der südlich der Ruine gelegene, in der Kreisbeschreibung als hallstattzeitlich bezeichnete Abschnittswall wird im „Führer zu vor- und frühgeschichtlichen Denkmälern" (1973) als frühmittelalterliche Fluchtburg gesehen. Auf der Wiese stark „verwaschen", am Waldrand im Westen noch gut erhalten, bis rund 2 m tief (Wallkrone/Grabensohle).

Sie diente dem Schutz der Burg an ihrer vom Gelände her empfindlichsten Seite.[1]) Es wäre zu hoffen, daß eine gründliche Renovierung diesen nicht leicht zugänglichen und zu wenig bekannten, aber nichtsdestoweniger bedeutenden Gebäudekomplex vor weiterem Verfall bewahrte. Die Kirche, neben dem Schloß beherrschender Bau, entstand 1762/63 in Nachfolge einer abgebrannten Kapelle. Es ist schlicht-evangelischer, dörflicher Barock, so recht in den Ort und die Landschaft passend, aber doch im Innern nicht ohne Prachtentfaltung mit der Chorwand („Markgräfler Wand"), in der Altar, Kanzel und Orgel übereinander eingebaut sind, so, „daß diese drei Elemente der kirchlichen Verkündigung fast ineinander übergehen" (Rudolf Schlauch, 1964, S. 119).

Abb. 37 Beimbach. Charakteristische Lage am beginnenden Einschnitt eines kleinen Seitenbaches der Brettach.

1) Die anderen baulichen Anlagen überwiegend aus der Renaissance und aus späterer Zeit, die Befestigungen nach der Kreisbeschreibung z. T. auf das Spätmittelalter zurückgehend. Mit seinen festen Mauern und runden Ecktürmen trägt der gegen das Tal zu gelegene Teil Burgencharakter. Durch einen Graben (mit Steinbrücke) getrennt das neue Schloß (Rechteckbau mit Volutengiebeln, Fachwerkanbau an der Ostseite, an der Südostecke runder Turm). – „Seit 1366 sind die [Herren von] Wollmershausen Lehensträger von Teilen, seit 1463 der ganzen Herrschaft Amlishagen" (Kreisbeschreibung, S. 161). Nach deren Aussterben 1708 werden die Pappenheim, Clengel und Holtz Erben, später die letzteren Alleinbesitzer, 1821 und teilweise 1830 gelangte das Rittergut an den aus Crailsheim stammenden preußischen Generalarzt von Horlacher, Blüchers Leibarzt. Heute ist das Schloß in bürgerlichem Eigentum. Zur Geschichte des Ritters Georg von Wollmershausen, der in Diensten Kaiser Karls V. eine beachtliche Rolle spielte, s. Schlauch (1964, S. 113 ff.).

Beimbach Malerisch lehnt sich Beimbach an den obersten Hang des sich zum Brettachtal öffnenden kleinen Seitentales. Seine Kirche, wie viele andere im Hohenlohischen ehemals Wehrkirche, steht beherrschend am Rand des steileren Abfalles. Eine kleine, heute großenteils aufgefüllte Klinge, über die ein steinerner Steg führt, trägt zu ihrer Verteidigungslage bei. Gegen die Klinge zu blieb ein leider verfallender Rest der alten (Wehr-) Kirchhofmauer erhalten. Die Kirche wurde im 18. Jahrhundert erweitert, besitzt aber im Turmchor noch Maßwerkfenster aus der späten Gotik und (darüber) Schießscharten.[1])

Rückershagen Auch Rückershagen und Michelbach an der Heide, beide in auslaufenden Seitentälern, haben ansprechende Dorfbilder bewahrt.[2]) Rückershagen besitzt am südlichen Ortsrand, etwas erhöht gelegen, ein Kirchlein aus der 1. Hälfte des 15. Jahrhunderts. Der Ort hatte im Städtekrieg (1449 abgebrannt) und im Dreißigjährigen Krieg viel zu leiden. So blieb auch die Kirche nicht vollständig erhalten, ist aber in all' ihrer ländlichen
Michelbach Schlichtheit noch immer kostbar genug.[3]) Michelbach liegt zum Teil im bereits recht markant eingeschnittenen Tal. Dadurch mitbedingt werden die auffallend zahlreichen Muschelkalkmauern, vielfach noch als Trockenmauern erhalten. Auch hier trug die Kirche mit dem umgebenden Kirchhof Wehrcharakter. Ein Teil der alten Mauer (mit Schießscharten) ist noch vorhanden.[4])

Gerabronn Die ehemalige Oberamtsstadt Gerabronn – früher ein mit Wall, Graben und zwei Tortürmen befestigter Marktflecken – liegt auf der Hochfläche nördlich des Brettachtales, beherrschend, aber ohne unmittelbare Beziehung zum Tal und daher außerhalb des Rahmens unserer Betrachtung.

1) Vgl. zu den dörflichen Wehrkirchen v. Erffa (1937, 1938; über Beimbach s. S. 39/40 bzw. S. 69). – Bei Renovierungsarbeiten in den sechziger Jahren wurden im Chor Wandgemälde freigelegt. Oberstes Stockwerk des Turmes mit Fachwerk. Pyramidendach.

2) Zur Lage von Siedlungen in den Seitentälern vgl. S. 89.

3) Turmchorbau. Turm ursprünglich höher, mit Schießscharten. Chor mit Kreuzrippengewölbe auf Konsolen mit eigenartigen Masken. Predella aus dem beginnenden 16. Jahrhundert mit geschnitzten Brustbildern der 12 Apostel, einfache, „bäuerliche", aber doch eindrucksvolle Arbeit. Der Treppenaufgang wurde vor einigen Jahren neu gestaltet (schönes Muschelkalkmauerwerk). Damals erhielt auch die bei der Kirche entspringende Quelle ihre heutige, ein wenig zu „städtisch" wirkende Fassung. Die Verbindung Kirche und Quelle läßt eine noch ältere religiöse Stätte vermuten.

4) Die Kirche – Mutterkirche eines großen Sprengels, zu dem u. a. Blaufelden und Gerabronn gehörten – geht auf das 12. Jahrhundert zurück. Ihr Schiff jedoch 1914/15 neu gebaut; romanischer Rechteckchor mit spätgotischem Netzrippengewölbe.

Von der Brettachmündung nach Langenburg

Abb. 38 Groß- und Kleinforst zu Füßen Morsteins im Jagsttal.

Elpershofen-Hürden

Doch nun zurück ins Jagsttal! Unterhalb von Elpershofen wird es recht weit; trotz allmählich wachsender Tiefe – bei Hürden rund 140 Meter – besitzt es offenen, milden Charakter und geruhsam strömt der Fluß[1]). Der Mittlere Muschelkalk prägt die Formen, auch der bewaldete, steilere Anstieg im Hauptmuschelkalk hat die Schroffheit des oberen Teils der Muschelkalkstrecke verloren, wo das Tal voll in seinen widerstandsfähigen Schichten verlief. Gleichwohl bleibt die Besiedlung auf einige Weiler beschränkt, die allerdings nun auf beiden Seiten des Flusses Platz finden.[2]) Das Tal streckt sich und wird wegsamer, von den im

1) Zwischen der Brettachmündung und Bächlingen geht sein Gefälle auf rund 2‰ zurück.

2) Groß- und Kleinforst, Hürden. Analog zu Groß- und Kleinforst könnte man die auf den verschiedenen Flußseiten gelegenen Hofgruppen von Hürden „Groß"- und „Kleinhürden" nennen.

oberen Bereich so typischen Mäandern heißt es Abschied nehmen.[1]) Eine Ausnahme bildet die große Schlinge, die sich um den Langenburger Bergsporn legt.

Steinriegel Einzelne Steinriegel haben wir an den Hängen im oberen Teil der Muschelkalkstrecke immer wieder angetroffen. Aber ihre Zahl hält sich dort noch in Grenzen; denn an den sehr steilen Hangpartien dieses Talabschnittes war selbst in früheren, viel genügsameren und härteren Zeiten nicht überall eine solch weitgehende Nutzung möglich, daß sich das mühevolle Zusammenlesen der Steine gelohnt hätte. Auch verbergen sich mancherorts die Steinriegel längst wieder im hohen Wald, Zeugnis gebend von einstigem Anbau. Für das Landschaftsbild bedeutsam werden sie unterhalb von Elpershofen, vor allem, aber keineswegs ausschließlich, am sonnseitigen Talhang. Sie erreichen oft zwei Meter Höhe, manchmal aber noch mehr. Am bezeichnendsten sind sie für den Hauptmuschelkalk. Vielfach lassen sie deutlich erkennen, wo dieser gegen unten aufhört. Sie fehlen aber dem Mittleren[2]) und Unteren Muschelkalk nicht. Büsche greifen auf ihnen und an ihren Rändern Platz: Wertvolle Lebensräume für die Pflanzen- und Tierwelt gleichermaßen wie überaus typische Glieder der Muschelkalktäler Hohenlohes. Ein Eldorado im besonderen für viele Vogelarten! Noch recht häufig in den buschigen Steinriegelhängen des Jagsttales sind z. B. der andernorts zurückgehende Neuntöter und die ebenfalls vielfach seltener werdende Dorngrasmücke.

Morstein Auch die Talstrecke zwischen Brettachmündung und Bächlingen besitzt ein Kleinod: Morstein. Von weitem mag es an Hornberg erinnern, überragt Morstein doch ein ähnlich trutziger, spätromanischer Bergfried aus Buckelquadern. Der Jagsttallandschaft teilt sich Morstein allerdings nicht so beherrschend mit wie Hornberg, das freier, wirkungsvoller zum Talverlauf liegt. Aber von der Nähe wirkt Morstein noch anziehender, ein wahres Schmuckkästchen. Erstaunlich, wie harmonisch der

1) Ab Hessenau ist das Jagsttal durchgehend für Autos befahrbar. Sie müssen sich aber bis Bächlingen hinab noch mit einem (erfreulich) schmalen Sträßchen begnügen. Seiner natürlichen Verkehrsungunst verdankt das Jagsttal viel von seinem Reiz. Nicht nur seine Formen – vor allem im vielgewundenen, engen Bereich – auch seine Laufrichtung im großen verbietet die Entwicklung stärkeren Durchgangsverkehrs. „In geradezu raffinierter Weise wird der Verkehr über die Hohenloher Ebene erschwert durch den bogenförmigen Parallelverlauf von Kocher und Jagst“ (Gradmann, 1931, S. 204).

2) Großenteils aus Hangschutt des Hauptmuschelkalks bestehend. – Die wärmespeichernde Wirkung der Steinriegel ist nach Roser (1962) früher überschätzt worden. Doch bekräftigt auch er ihre Bedeutung als Windschutz.

Abb. 39 Das Torgebäude von Schloß Morstein.

wuchtige, wehrhafte Bergfried aus staufischer Zeit und das anmutige Renaissanceschlößchen sich zu einer Einheit fügen![1])

„Reiherhalde“ Schloß Morstein und die „Reiherhalde“, sie gehörten viele Jahrhunderte zusammen. Es war sicher eine der berühmtesten Brutkolonien des Graureihers in deutschen Landen,[2]) nicht nur ein Naturdenkmal ersten Ranges, sondern auch ein Kulturdenkmal aus der Zeit, da die „Reiherbeize“ ein Lieblingssport der Ritter und ihrer Damen war. Der Reiher wegen kam es zu mancherlei Auseinandersetzungen der Herren von Crailsheim mit den Herren benachbarter Territorien, vor allem mit den mächtigen, oft wenig zimperlichen Ansbacher Markgrafen. Sie nahmen gegen Ende des 16. Jahrhunderts gewalttätigen Charak-

1) Hauptbau aus der 2. Hälfte des 16. Jahrhunderts mit Staffelgiebel und – als besonderem Schmuck – einer breiten, steinernen Galerie, die auch um den runden Eckturm führt. Kapellenbau aus der selben Zeit. In der später mehrfach veränderten Kapelle Altar mit Kreuzgruppe (1618). Neuer Bau aus dem späten 18. Jahrhundert. Malerisches Torgebäude mit Fachwerkaufbau, Mansardendach und Glockentürmchen. – 1240 zum ersten Mal erwähnt, flügelauisches, später hohenlohisches Lehen. Von den Herren von Morstein ging die Burg im 14. und 15. Jahrhundert nach und nach an die 1701 in den Reichsfreiherrenstand erhobenen Herren von Crailsheim über. In deren Besitz bis heute. Wie in vielen Burgflecken, so siedelte auch in Morstein die Herrschaft Fremde an.

2) Naturschutzgebiet seit 1938. Die Reiher horsteten vor allem auf alten Linden, aber auch auf Buchen, Ulmen und Ahornen. Als Brutgebiet von Dohle (baumbrütend), Schwarzspecht, Mittelspecht und Hohltaube (mdl. Mitt. von Herrn H. P. Fuchs) sowie durch ihren landschaftlichen Reiz und ihre prächtige Schluchtwaldvegetation besitzt die verlassene Reiherkolonie auch heute noch hohen Wert. – Die Angaben über den Reiherbestand in älteren Zeiten sind wohl nicht durchweg ganz zuverlässig. 1962 brüteten bei Morstein nach frdl. Mitteilung der Staatlichen Vogelschutzwarte Karlsruhe 50 Paare, unmittelbar nach dem 2. Weltkrieg nach Gräter (1973, beruhend auf einem Bericht des Morsteiner Försters Martin) waren sogar 200 Horste belegt. Nach Preiß (1928, S. 151) zählte die Morsteiner Reiherhalde 1927 „nach ziemlich genauen Feststellungen“ etwa 50 bezogene Horste. In einem Aufsatz im „Stuttgarter Neuen Tagblatt“ nennt Schwenkel auf Grund einer Unterhaltung mit dem Schloßherrn von Morstein für 1926 „etwas über 30“ Brutpaare gegenüber 150 besetzten Horsten „vor 60 und 100 Jahren.“ Nach einem von Dr. Lindner festgehaltenen, bei den Akten der Bezirksstelle für Naturschutz in Stuttgart aufbewahrten, nicht mit Datum versehenen, aber wohl aus derselben Zeit stammenden Bericht des Freiherrn von Crailsheim war die Kolonie während des ersten Weltkriegs stark zurückgegangen. Vor dem Krieg betrug ihr Bestand 50–60 Paare, etwa ein halbes Jahrhundert zuvor hatte sie „über 150 bewohnte Horste“ gezählt. Die Oberamtsbeschreibung Gerabronn (1847) nennt gar „bis 800“ hier horstende Reiher (S. 136). Sogar zwei bekannte Schriftsteller beschäftigten sich mit der Morsteiner Reiherhalde: Der aus Hall stammende vielseitige Publizist Friedrich David Gräter (1768–1830) berichtet (1814, S. 207) vom „großen Reiherzug, der sich jeden Frühling seit undenklichen Jahren“ einfindet. Und Karl Julius Weber, der in Langenburg geborene „Fränkische Demokrit“, der „lachende Philosoph“ (1767–1832), schreibt in einem posthum erschienenen Aufsatz (1833, S. 321) „oft zählt man 300–400 solcher Nester oder Horste.“ – Einige weitere Schriften (z. T. nur kurze Notizen) über die Morsteiner Reiher finden sich im Literaturverzeichnis sowie im Text weiter unten. Auch Tätigkeitsberichte von Naturschutzstellen und Vereinen sowie Zeitungsartikel berichteten über sie. (S. außerdem die im Literaturverz. genannten Schriften von Hölzinger und Mitarbeitern.)

Abb. 40 Schloß Morstein.

ter an.[1]) Unserer Zeit blieb es jedoch vorbehalten, die Kolonie auszulöschen. An Fischen besteht durchaus kein Mangel. Es waren sicher die Belästigungen durch den Massenbesuch[2]) und durch Photographen, welche die Vögel zur Umsiedlung von der

1) S. Bossert (1883), E. v. E. (1909), C. Gräter (1973). Die „Reiherfehde" beschäftigte sogar das Reichskammergericht.

2) Mitverursacht durch eigenmächtig aufgestellte Hinweisschilder.

Abb. 41 Graureiher.

altangestammten „Halde“ am linksseitigen Hang der Dünsbachklinge[1]) in ein Gebiet weiter im Norden, nordwestlich des Schlosses, bewogen. 1959 horsteten bereits etwa zehn Paare in diesem zunächst wenig behelligten Gebiet, um dessen Unterschutzstellung sich der Verf. seit 1964 zusammen mit dem damaligen Kreisnaturschutzbeauftragten Oberstudienrat i. R. O. Mutschler bemühte, hatte sich doch die Zahl der Brutpaare um die Mitte der sechziger Jahre mit rund fünfzehn „stabili-

1) Sie verleiht dem Schloß seine Spornlage, rund 110 m über dem Fluß.

siert", während in der alten Halde zu dieser Zeit nur noch einzelne Paare (höchstens vier) brüteten. Widerstand seitens der Fischerei verzögerte die Unterschutzstellung. Als das Verfahren die Hürden passiert hatte, war es zu spät. Auch diese Brutkolonie war Ziel vieler verständnis- und rücksichtsloser Besucher geworden. Die Klagen der mit „ihren" Reihern sehr verbundenen Bevölkerung über Störungen vor allem durch mangelhaft beaufsichtigte Schulklassen ließen trotz Benachrichtigung der zuständigen Schulbehörde und Bitte um Abhilfe nicht nach. Gegen Ende der sechziger Jahre erfolgte ein jäher Rückgang: Nur noch vier brütende Paare zählten wir 1969 (1970 drei, 1971 eines). Wir (d. h. Dr. C. König von der Staatlichen Vogelschutzwarte und der Verf.) zweifelten nicht daran, daß Holzarbeiten in unmittelbarer Nähe der Horstbäume zu beginnender Brutzeit hierfür Mit-Ursache waren. 1972 hat das letzte Paar bei Schloß Morstein gebrütet. Nimmer fliegen die Reiher „wie traurige und sehnsüchtige Gedanken" um Agnes Günthers Schloß „Thorstein" (= Morstein). Aber noch immer lauern sie unbeweglich, Schemen gleich, am Ufer der Jagst. Noch immer ziehen sie schweren und doch raumgreifenden Fluges über das Hohenloher Land.

Im Februar 1965 berichtete mir der Schriftsteller und Pfarrer Rudolf Schlauch von einer neuen, zwei oder drei Jahre alten Reiherkolonie bei Bächlingen, die ornithologischen Kreisen noch nicht bekannt war.[1]) Sie hat sich gut entwickelt. 1973 stellte die Staatliche Vogelschutzwarte zusammen mit dem Verf. 28, 1974 25 besetzte Horste fest, 1976 waren es nach freundlicher Mitteilung von Herrn H. Schneider (Schwäbisch Hall) 38, 1977 40. Nach mancherlei Widerständen kam 1974 das Brutgebiet mit weiterer Umgebung unter Naturschutz. Auf Antrag des Verf. hat die Staatsforstverwaltung das Privatwaldgrundstück, auf dem die meisten Horstbäume stehen, aufgekauft. Eine weitere, wechselnd starke Kolonie (1973 neun besetzte Horste, 1977 nach H. Schneider und H. P. Fuchs 15 - 20) befindet sich weiter talab bei Mulfingen.

Katzenstein

Einen kleinen Abstecher wollen wir zur ehemaligen Burg Katzenstein auf einem Vorsprung des Talrandes bei Hürden machen: Auch wenn nur geringe Spuren auf die um 1500

1) Eine genaue Angabe der Lage des Brutgebiets soll hier unterbleiben. Nachdem jedoch in den letzten Jahren wiederholt ausführlich in der Tagespresse über die Bächlinger Reiher berichtet wurde, braucht auf ihre Nennung nicht verzichtet zu werden. Wir zählten 1965 zusammen mit der Staatlichen Vogelschutzwarte 12, 1967 15, 1969 20 besetzte Horste. – Anm. während des Druckes: 1981 60 Brutpaare.

abgegangene Burg der wahrscheinlich im 14. Jahrhundert ausgestorbenen Herren von Katzenstein hindeuten, so ist es doch ein stimmungsvoller Platz mit schönen Laubbäumen, die sich wohltuend gegen die nahegelegenen neuen Aufforstungen abheben.[1])

Unterer Muschelkalk

Bei Hürden erreicht die Jagst den Unteren Muschelkalk (Wellengebirge).[2]) Wo der Fluß unmittelbar an den Talrand „stößt", bildet er wieder steile Prallhänge, „Klebe". Es formt sich jene Dreigliederung des Talhanges heraus, die für weite Teile des Mittellaufes von Kocher, Jagst und Tauber und ihrer größeren Nebentäler so typisch ist: Steilhänge im Unteren und Oberen Muschelkalk, unterbrochen von einer vielfach ackerbaulich genutzten Verflachung im Mittleren Muschelkalk.[3]) Bereits bei Hürden finden sich niedere Klebe.[4]) Das erste eindrucksvolle steigt am rechtsseitigen Hang unmittelbar oberhalb von Bächlingen über 20 Meter steil empor. Esche, Bergahorn, Bergulme und Hasel, Waldrebe, Brombeere, Schwarzer Holunder und Weißdorn, Brennesseln und Zaunwinden bilden am unteren Hangteil einen urwüchsigen Bestand, während im oberen, trockeneren, Eiche, Hainbuche und Feldahorn herrschen. Bächlingen gegenüber folgt gleich ein weiteres, ebenfalls bewaldetes Kleb. Wer den schmalen Pfad durch die Wildnis von Eschen, Ahornen, Hasel- und Holunderbüschen, durch Giersch, Waldziest, Knoblauchhederich, Goldnessel, Gefleckte Taubnessel, Echte Nelkenwurz, Krause Distel und Efeu findet, dem öffnet sich ein unerwartet prächtiges Bild: Hoch herab blickt Schloß Langenburg auf den still dahinfließenden, vom Wehr der Herrenmühle gestauten Fluß.

Talhänge

Klebe

1) Rudolf Schlauch erzählt vom Katzenstein eine Rittersage (1964, S. 71/72).

2) Nach Carlé beträgt die Mächtigkeit des Unteren Muschelkalks bei Bächlingen 62 m (1966 b, S. 91), nach Simon im Raum Dörzbach-Krautheim 83 m (1977, S. 113). Er gliedert sich in drei Teile (von unten nach oben, in Klammern die Mächtigkeiten im Gebiet Dörzbach-Krautheim): Wellendolomit (22 m), Wellenkalk (51 m) und Orbicularismergel (10 m). Namengebend sind die in vielen Lagen vorkommenden, auffallenden Furchen und Rillen des dünnbankigen, „feinscherbigen" Gesteins. Ihre Genese ist noch nicht restlos geklärt (vgl. Simon, 1977, S. 127 ff.). Der Untere Muschelkalk wurde in einem flachen Meer abgelagert.

3) Das Gefälle des Flusses steigt wieder etwas an: Zwischen Bächlingen und der ehemaligen Landesgrenze beträgt es fast 2,2‰.

4) Wenige Meter hohe Steilhänge auch unterhalb von Kleinforst und zwischen Elpershofen und Großforst. Ob evtl. hier bereits der Untere Muschelkalk ansteht oder ob diese verhältnismäßig steilen Böschungen durch frische Erosion sich im Mittleren Muschelkalk bildeten, konnte Herr Oberlandesgeologe Dr. Schall zusammen mit dem Verfasser nicht feststellen, da Hangschutt des Hauptmuschelkalks den gewachsenen Untergrund verdeckt. – Da die Jagst hier (bis Bächlingen) entgegen dem Fallen der Schichten fließt, erreicht sie rasch tiefere Horizonte.

Langenburg und das Tal bis Mulfingen

Abb. 42 Schloß Langenburg.

Langenburg

„Majestätisch ruht auf dem Bergvorsprung das herrliche Langenburger Schloß. Seine Mauern und die Mauern des Städtchens glänzen im Sonnenschein und die Türme und Giebel von Stadt und Schloß spiegeln sich in der lieblichen Jagst... Wälderumkränzt, zu Füßen der Fluß, zu Häupten in ruhigem Flug der mächtige Milan, die goldbraun schillernden Turmfalken oder der silberne Reiher, in den Wäldern und Tälern seltene Pflanzen, verträumte Waldwiesen – so stellt sich uns Langenburg dar.“[1]) Es ist Agnes Günthers Brauneck, Mittelpunkt ihres Romans „Die Heilige und ihr Narr“, in dem „keine Seite... ohne irgendeine Beziehung oder einen Hinweis auf das Land, die kleine Stadt und ihre Menschen“[2]) ist. Natur und Geschichte des Jagsttales haben in ihm dichterische Verklärung gefunden, und

1) Rudolf Schlauch, 1962 a, S. 106 (etwas verändert).

2) Rudolf Schlauch, 1964, S. 81. Agnes Günther (1863–1911) lebte von 1891–1907 als Frau des Dekans Dr. Rudolf Günther in Langenburg. Über A. Günther s. z. B. auch Schlauch, 1962 b.

man wird sicher Rudolf Schlauch recht geben, wenn er sagt, daß „kein Ort in der ganzen weiten Welt“ ein „Heimatbuch“ dieser Art aufzuweisen hat, „ein Heimatbuch, aus dem ein verständiger Leser die von einer Dichterin verschlüsselten Geheimnisse dieser Landschaft, ihrer Seele und ihrer Geschichte herauslesen kann.“[1])

Abb. 43 Langenburg. Stadttor.

Berühmtestes Bauwerk Langenburgs und der weiteren Umgebung ist das Schloß. „Auf der äußersten Spitze des ‚Langen Berges‘ gegen die Jagstschlinge vorgebaut, ist es eines der großartigsten süddeutschen Burgenschlösser. Die massigen runden Türme flankieren einen edlen Hauptbau. Zwei mächtige Gräben trennen das Schloß von der Stadt. Ein malerischer Innenhof mit Galerien, Giebeln und Treppenhäusern aus der Renaissancezeit ist das Glanzstück des Schlosses. Schloßpark

1) Schlauch, 1964, S. 84.

und Schloßgarten bilden den würdigen Rahmen für das schöne Bild" (Schlauch, 1962 a, S. 107, etwas verändert).[1])

1) Die Burg an der Spitze des von einer großen Talschlinge der Jagst und der Schindbachklinge gebildeten Sporns des Langenberges. Sie tritt im beginnenden 13. Jahrhundert in die Geschichte. 1226 mit der damals schon Stadt genannten Ansiedlung im Besitz der Herren von Langenburg bezeugt. 1232/35 gelangte die Burg an die mit ihnen verwandten Hohenlohe. In deren Eigentum noch heute. – Das wehrhafte Schloß in Anlehnung an die Geländeform ein in Ost/Westrichtung gestrecktes Rechteck mit vier mächtigen, runden Ecktürmen. Bauteile der hochmittelalterlichen bzw. spätmittelalterlichen Burg vereinen sich mit dem Residenzschloß der Renaissance- und Barockzeit zu einem großartigen Bild. Gewaltige Mauermassen aus Muschelkalk im Unterbau, z. T. Buckelquader. Sie geben dem westlichen Teil wehrhaften Charakter, während im Osten der repräsentative ganz überwiegt. Nach Doerstling (1959) gehen die (am Ende des 15. Jahrhunderts ausgebaute) Bastei „Lindenstamm" am äußersten Ende des Bergspornes, die beiden westlichen Türme sowie untere Teile des übrigen Schlosses auf die nach 1235 an Stelle einer noch älteren, wesentlich kleineren Anlage erbaute Burg zurück. (Nach Taddey, 1979, war der Nordwestturm eingestürzt und ist in der Zeit des Grafen Philipp Ernst wieder aufgebaut worden. Der Südwestturm wurde damals um „zwei Meter höher aufgemauert" [S. 37] und mit einem neuen Dach versehen.) Im ausgehenden Mittelalter entstanden die beiden östlichen Türme (als Geschütztürme; vgl. jedoch Taddey, a. a. O., S. 32). Tiefgreifender Umbau der Burg zum Renaissanceschloß: Herrlicher Innenhof mit Galerien, Ziergiebeln, „Schneckentürmen" und dem aus dem Ostflügel aufragenden hohen Turm, Erhöhung der beiden östlichen Rundtürme (nach Taddey wurde der Südostturm zuvor bis auf die staufischen Grundmauern abgebrochen). Nach neuesten Forschungsergebnissen Taddeys (1979) erfolgte dieser das heutige Bild wesentlich prägende Bau im Gegensatz zur Auffassung Doerstlings zum ganz überwiegenden Teil erst in der Regierungszeit des Grafen Philipp Ernst, Kriegsobersten der Niederlande (1610–1628). Mitte des 18. Jahrhunderts Neugestaltung des Ostflügels in schlichtvornehmem Stil mit Verlegung des Einganges von der Südseite auf die Ostseite; aus dieser Zeit auch die steinernen Grabenbrücken. Die schweren Gebäudeschäden des Brandes von 1963 wurden behoben. (Leider der Innenhof heute geteert.) – Schöner Schloßgarten und Park mit prächtigen Laubbäumen, in den Hangwald übergehend. – Das Schloß liegt rund 140 m über dem Fluß, das Städtchen langgestreckt auf dem vom Schloß allmählich ansteigenden und sich verbreiternden Sporn, der neuere Teil auf der Hochfläche, in die er übergeht; der Bahnhof rund 175 m über der Jagst bei Bächlingen. – Die Altstadt praktisch eine Einstraßenanlage (mit einer der Hauptstraße parallel laufenden Gasse im Norden), an Nebengebäude des Schlosses im Osten anschließend. Gegen die Hochfläche durch ein wohlerhaltenes, malerisches Tor (mit nebenstehendem Rundturm) abgegrenzt (im Kern noch mittelalterlich, in der Renaissance neugestaltet). – Die Kirche neben dem Tor. Spätgotischer Chor (um 1500, Netzrippengewölbe), 1610 und 1680 Umbau und Vergrößerung des Schiffes, Spitzbogenfenster; aus der spätmittelalterlichen Kapelle wurde die heutige Stadtkirche (bis 1553 war Langenburg Filiale von Bächlingen). Im Chor sehr wertvolle Glasmalereien des ausgehenden Mittelalters; bedeutende Grabdenkmäler, in erster Linie bemerkenswert das von Michael Kern für Graf Philipp Ernst und dessen Gemahlin geschaffene; interessanter evangelischer Hochaltar aus dem 17. Jahrhundert. – Die Hauptstraße (Straßenmarkt) zwischen Schloß und Tor säumen stattliche bürgerliche und herrschaftliche,meist giebelständige Häuser des späten Mittelalters, der Renaissance- und Barockzeit, z. T. freiliegendes Fachwerk; Steinbau mit Staffelgiebel von 1585; Marstall zwischen Stadt und Schloß (heute Automuseum; nach Taddey aus der Zeit des Grafen Philipp Ernst). Auch der unmittelbar außerhalb des Tores anschließende Stadtteil trägt noch altertümliches Gepräge (enge Bauweise, doch unregelmäßiger als innerhalb des Tores, einige Gebäude mit Fachwerkgiebeln, einige mit Mansardendächern). Gegen Osten fächerartig rasche und starke Verbreiterung des Grundrisses. – Das Städtchen war im Mittelalter nur schwach befestigte Vorburg. Stärker befestigt erst um 1500 sowie unter Philipp Ernst. Reste der Stadtmauer erhalten. Mit dem Ausbau der Burg zur Residenz wuchs die Bedeutung der Stadt.

Abb. 44 Die große Langenburger Talschlinge.

Wir wollen es bei dieser Schilderung und den Hinweisen in der Fußnote bewenden lassen. Mit Langenburg, seiner Geschichte und Kunstgeschichte sowie mit der Geschichte des Hauses Hohenlohe sich näher zu beschäftigen, hieße, unseren Rahmen verlassen.

Man mag es Ausdruck kulturellen Banausentums nennen: Mir will ein Dorf wie Bächlingen,[1]) das zu Füßen Langenburgs im lieblichen Talgrund liegt, nicht weniger beachtens- und erhaltenswert erscheinen als ein prächtiges Schloß. Die Häuser und Scheuern mit ihren hohen, oft von Fachwerk geschmückten *Bächlingen*

Abb. 45 Bächlingen.

1) In der Kirche – Chorturmkirche wie so viele in unserer Gegend, Urkirche eines großen Sprengels, Mutterkirche von Langenburg – sehr bemerkenswerte Kunstwerke: Frühgotische Wandbilder im Chor; aus etwa derselben Zeit das ausdrucksstarke Grabdenkmal des Ritters Burkhard Rezzo von Bächlingen (gest. 1320); Schlußstein des Chorgewölbes mit eigenartigem Johanneskopf. Der gotische Chor wohlerhalten, das Schiff im 18. Jahrhundert verändert, Fachwerkaufbau von 1580, Turmhelm aus dem 19. Jahrhundert. – Ummauerter, allerdings nicht mehr belegter Kirchhof. – Die überdachte, pfeilerlose Holzbrücke über die Jagst (aus der 2. Hälfte des 18. Jahrhunderts) ist leider ein Opfer des letzten Krieges geworden. Vgl. das Literaturverzeichnis unter „Anonymus". – Ein bescheidenes Dasein fristet der nur schwach fließende Mineralbrunnen im Talgrund kurz unterhalb von Bächlingen. 1965 wurde hier ein „Natrium-Chlorid-Sulfat-Mineralwasser mit erhöhtem Kohlendioxid-Gehalt erbohrt. Es ähnelt dem Wasser der Bad Mergentheimer Karlsquelle sehr" (Carlé 1966 b, S. 104) und stammt wie dieses aus dem im tieferen Untergrund anstehenden Buntsandstein (Bohrtiefe 67 m; Plattensandstein des Oberen Buntsandsteins; vgl. Carlé, a. a. O.). – Unweit des Mineralbrunnens steht das fürstliche Fischhaus, schöne Fachwerkscheuer, rätselhaft die Säulen dabei; Fischteiche.

Abb. 46 Bächlingen. Kirche und alte Kelter.

Giebeln, mit der Kirche als fester, beherrschender Mitte, aus der Ferne als bauliche Einheit in höherem Sinn erscheinend, ohne störende Dreingaben – vor wenigen Jahren noch hätte im Hohenloher Land niemand den Kopf danach umgedreht, zu selbstverständlich war solch ein Anblick. Aber heute? Wir dürfen hoffen, auch noch in einigen Jahrzehnten Burgen und Schlösser vergangener Jahrhunderte bewundern zu können.

Dorfbilder Doch Dörfer? Sie befinden sich nicht nur in einem Wandel wie er sich mit wechselnder Geschwindigkeit stets vollzogen hat, wobei sie jedoch als Dörfer erhalten blieben; die heutige Entwicklung läßt vielmehr um die letzten rein ländlichen Siedlungen fürchten, von Kleinweilern und Einzelhöfen abgesehen. Und auch diese verlieren ihren landschaftstypischen Charakter bzw. haben ihn zum Teil schon eingebüßt. Die wenigen echten Dörfer, die es in unserem Lande noch gibt, sind keine geringeren Kulturdenkmäler als Schlösser! Erst wenn etwas zu verschwinden droht, erkennt man oft seinen Wert und seinen Reiz!

Mühlen Ähnliches gilt für die Mühlen, ohne die wir uns die Jagsttallandschaft kaum vorstellen können. Sie sind uns in den ersten Stunden unserer Wanderung begegnet, als einzige Siedlungsplätze im einsamen Tal, sie sind uns bis hierher treu geblieben und wir werden uns bis ans Ende unseres Weges immer wieder an Mühlen erfreuen, an den rauschenden Wehren, am ruhigen, tiefen Wasser oberhalb, an den hohen Fachwerkgiebeln, die sich darin spiegeln, am rasch zwischen harten Kalkplatten sich durchdrängenden Fluß unterhalb der Wehre, an den stillen, von Erlen beschatteten Mühlenkanälen. Steile, sonnige Steigen führten von den Mühlen zur korngesegneten Ebene hinauf. Mühsam für Mensch und Tier war die Arbeit, aber segenbringend und fest verwurzelt in den Kräften von Wasser und Erde. Heute steht ein großer Teil der Mühlen still und dient anderen Zwecken.[1]) Manche sind sogar ganz verschwunden, zu Wüstungen geworden, so die von allen vielleicht am schönsten gelegenen, aber auch am abgeschiedensten, die Gaismühle und die Heinzenmühle im wildromantischen Tal unterhalb der Gronachmündung. Die Mühlen weiter flußabwärts sind weniger einsam, meist stehen sie in Verbindung mit Weilern oder Dörfern. Von den Bächlinger Mühlen erzählt Rudolf Schlauch.[2]) In den Kirchenbüchern läßt sich, wie er schreibt, die Geschichte der Mühlen und Müller immer leicht erheben, gehörten diese doch zu den angesehensten Leuten im Dorf. Wohlerhalten ist die stattliche Königsmühle[3]), die nächste talab, ein wahres Schmuckstück des Tales wie auch die schöne alte Muschelkalkbrücke, die hinüber zum Weiler Oberregenbach führt. Nicht versäumen sollte man auf einer Wanderung durchs Jagsttal einen Besuch des großen, von einer mächtigen Kastanie beschatteten Mühlrades der oberen Mühle von Eberbach, des drittnächsten Ortes unterhalb von Bächlingen.

Königsmühle

Oberregenbach

Unterregenbach

Zuvor wollen wir allerdings noch Halt machen in Unterregenbach, kann doch hier unser Lobpreis des Jagsttaldorfes noch heller klingen als selbst in Bächlingen. Unter allen gebührt ihm die Krone! Die steilen Dächer der Bauernhäuser und Scheuern malerisch ungezwungen geschart um die Kirche mit ihrem Fachwerkgiebelturm und dem durch einen Fachwerkaufsatz

1) Steinbruchbetriebe, landwirtschaftliche Anwesen (schon früher oft mit den Mühlen verknüpft), kleine Elektrizitätswerke. – Insgesamt beläuft sich die Zahl der noch betriebenen, anders verwendeten oder abgegangenen, aber im Gelände noch erkennbaren Mühlen zwischen der Crailsheimer Heldenmühle und Dörzbach auf über 30; manche verwahrlost oder baulich wenig schön verändert, viele aber noch immer Zierden unseres Tales. Auch Entenbach, Gronach, Brettach, Blaubach, Rötelbach, Ette, Rißbach, Forellenbach und Goldbach treiben oder trieben Mühlen. Sogar der kleine Kühnbach diente eine Zeitlang einer (heute völlig verschwundenen) Sägmühle.

2) 1964, S. 73/76.

3) Benannt nach einer Familie, welche die Mühle im 18. und 19. Jahrhundert besaß.

Abb. 47 Unterregenbach.

turmartig erhöhten Chor, die überdachte Holzbrücke, der rasch ansteigende Talhang mit seinen Steinriegeln und als einziger Laut das Rauschen des Flusses am Wehr...

Niemand, der an Unterregenbach vorbei das Tal hinabzieht und auch niemand, der den Ort selbst besucht, würde ahnen, daß das kleine Dörflein – eigentlich ja nur ein (Kirch-) Weiler – seit mehreren Generationen ein Eldorado der Historiker ist. Der Langenburger Hofprediger und Historiker J. Chr. Wibel hatte schon um die Mitte des 18. Jahrhunderts die Krypta unter dem Pfarrhaus als Rest eines Sakralbaues gedeutet. Ausgedehnte Grabungen, unter anderem von Pfarrer H. Mürdel, Prof. H. Christ und in jüngster Vergangenheit durch das Landesdenkmalamt unter der Leitung von Dr. G. P. Fehring sowie G. Stachel haben sehr viel Licht in das „Rätsel von Unterregenbach" gebracht, Lage und Umfang der sakralen und profanen Bauten aus dem frühen und hohen Mittelalter abgeklärt sowie den engen Zusammenhang zwischen der Talsiedlung und der bislang als vorgeschichtlich betrachteten, stark „verschleiften" Abschnittsbefestigung auf einem Hochflächensporn oberhalb des Ortes (nordöstlich des Falkenhofs) festgestellt. Sicher werden sich trotzdem noch in Jahrzehnten Fachgelehrte und Liebhaber mit

Abb. 48 Die Brücke von Unterregenbach.

den Fragen beschäftigen, welche die Vergangenheit des kleinen Ortes an der Jagst stellt.[1])

Pflanzenkleid

Auch ohne nach bemerkenswerten Pflanzen besonders zu suchen, wird dem Wanderer vom Weg aus auf kargen, bewuchsarmen oder buschigen Hängen und Böschungen manche Pflanze auffallen, nach der er auf der Ebene, auf der „Höhe", oft lange suchen muß: Die Stinkende Nieswurz, die Dürrwurz, der Quirlblütige Salbei, der allerorts häufige, würzige Dost, die Färberkamille, vom Hochsommer bis in den Herbst das weit verbreitete Sichelblättrige Hasenohr, der zu dichten Scharen sich drängende Zwergholunder, die hohe Kardendistel, deren blaßrosa-violette Blüten einen geradezu lieblichen Gegensatz zum herben Charakter der Pflanze bilden, und viele andere.

1) Die Broschüre „Unterregenbach an der Jagst" von G. P. Fehring, erschienen als Heft 101 in der Reihe „Große Baudenkmäler" und in Unterregenbach käuflich, möge den Wanderer über die erstaunlichen Ergebnisse der Grabungen unterrichten: Umfangreiche, bedeutende sakrale und profane Bauten der Karolingerzeit und der Salierzeit, die nach Zerstörung durch Brand im 13. Jahrhundert größtenteils verlassen wurden. Er findet dort auch Hinweise zur wechselvollen Geschichte der Pfarrkirche, über die er sich außerdem an Ort und Stelle auf einem Anschlag informieren kann. (Bauteile noch in romanische Zeit zurückreichend. Heutige Form im wesentlichen aus dem 15. Jahrhundert, aber später viele Veränderungen. Fragment eines Wandgemäldes aus der frühen Gotik, außerdem Wandgemälde aus dem späteren Mittelalter.) Eine knappe, übersichtliche Darstellung der Forschungsergebnisse – ebenfalls aus der Feder Fehrings – findet der Wanderer auch im „Führer zu vor- und frühgeschichtlichen Denkmälern" (mit ausführlichem Literaturverzeichnis).

Meist sind es Pflanzen mehr oder weniger trockener Standorte, die außerhalb des Waldes und entfernt vom Flußufer besonders in den Blick fallen, viel seltener dagegen feuchtigkeitsliebende. An einigen Stellen am Hangfuß oder im unteren Hangbereich, wo kleine Quellen austreten, finden sich jedoch ausgedehntere Flächen mit üppiger Hochstaudenflur, so z. B. an der Straße rechts unterhalb von Unterregenbach. Es herrscht der prächtige, smaragdgrüne, urtümlich wirkende Riesenschachtelhalm, wogend im Wind. Schilfrohr, Kunigundenkraut, Kohlkratzdistel, Roßminze, Mädesüß, Gilbweiderich, Blutweiderich, Geflügelte Braunwurz, Weiße Taubnessel und Zaunwinde, Weiden- und Eschengebüsch, Schwarzer Holunder und Wasserschneeball gesellen sich dazu. Am Rande des Dickichts können wir ein hübsches, gefiedertes Moos finden, das typisch für solche quelligen Stellen mit Kalktuffablagerung ist: Cratoneurum commutatum.

Besiedlung

Wir gelangen nun aus dem früheren Kreis Crailsheim (jetzt Kreis Schwäbisch Hall) in den Hohenlohekreis.[1]) Die Bevölkerungsdichte im Tal nimmt zu, aber ländlich ruhigen Charakter hat dieser Teil des mittleren Jagsttales ebenfalls bewahrt und seine größer werdenden Maße „ertragen“ auch ein Mehr an Besiedlung als weiter oberhalb. Noch immer ist es stiller als das Kochertal, wie ihm seine Beschreibung im „Königreich Württemberg“ schon 1907 bescheinigt hat. Eberbach, der nächste Ort talabwärts von Unterregenbach, Buchenbach (soweit links der Jagst gelegen), die Weiler Berndshofen und Heimhausen, Hohebach und mit einigen Einschränkungen auch Ailringen haben trotz vieler Veränderungen in den letzten Jahren im Gesamtbild ländlichen Charakter bewahrt. Neuere, nicht-bäuerliche Erweiterungen gewichtigeren Umfangs finden sich außer in den beiden Marktflecken Mulfingen und Dörzbach nur in Buchenbach, Jagstberg (von den alten Ortskernen durch die Jagst bzw. durch eine Klinge getrennt) und Ailringen. Die Zahl der neuen Aussiedlerhöfe beschränkt sich in dem landwirtschaftlich – im Vergleich zur Hochfläche – wenig gewichtigen Tal sinnvoller- und glücklicherweise auf einige wenige.

1) Der Name für den im wesentlichen aus den ehemaligen Kreisen Künzelsau und Öhringen gebildeten neuen Kreis erscheint mir wenig glücklich. Deckt dieser sich doch in keiner Weise mit dem alten Territorium und noch weniger mit dem Umfang des in verschiedenen Richtungen weit über ihn hinausgreifenden, unscharf abzugrenzenden und nicht sehr treffend charakterisierenden, aber doch gut eingebürgerten Begriff „Hohenloher Ebene“. – Glücklicherweise blieben dem Jagsttal Schöpfungen neuer Ortsnamen, wie sie im Gefolge der Verwaltungsreform (meist überflüssigerweise) entstanden sind, erspart.

Abb. 49 Dorfbach im Jagsttal. (Der Speltbach in Berndshofen.)

Lage der Siedlungen

Ausnahmslos liegen alle Orte von Bächlingen bis Dörzbach an der Mündung von Seitenbächen. Bächlingen am Ziegelbach, Oberregenbach an einem winzigen, nur episodisch Wasser führenden Rinnsal[1]), das jedoch einen deutlichen Schwemmkegel gebildet hat, Unterregenbach an einem auf der Flurkarte und auf der topographischen Karte nicht benannten Bächlein, Eberbach am Rötelbach, Buchenbach am gleichnamigen Bach, Berndshofen am Speltbach, Heimhausen am Hetzlesbach, Mulfingen an dem nach einer Wüstung benannten Roggelshausener Bach, Ailringen am Rißbach, Hohebach am gleichnamigen Bach und am Forellenbach, Dörzbach am Goldbach und am Kiesgraben.[2]) Es bestätigt sich damit im Jagsttal eine siedlungsgeographische Regel, nach der die Mündungsbereiche von Nebentälern bevorzugte Siedlungsplätze bilden. Sie waren es im Hohenloher Land schon zur Zeit der germanischen Landnahme.[3])

1) Nicht identisch mit dem etwas weiter unterhalb mündenden Erlesgraben.

2) Zum Teil (vor allem bei kleinen Bächen), heben sich die Schwemmkegel sehr deutlich als kleine „Buckel“ im Talgrund ab.

3) Vgl. „Führer zu vor- und frühgeschichtlichen Denkmälern“ (1973, S. 223).

Oft handelt es sich hierbei um eine Platzfrage. Der Zufluß bzw. dessen Schwemmfächer drängt den Hauptfluß auf die andere Talseite und schafft damit Raum für eine Ansiedlung. Dabei kann dem nur zeitweilig Wasser führenden Rinnsal einer Klinge mit starkem Gefälle und beträchtlicher Sedimentschüttung dieselbe Rolle zukommen wie einem größeren Seitenbach. Frank hebt in den „Begleitworten zur Geognostischen Spezialkarte von Württemberg" (Blatt Künzelsau, 1930) auch für die Jagst die „Bedingtheit ihres Laufes durch die Schuttkegelbildungen der seitlichen Zuflüsse" (S. 70) und die damit im Zusammenhang stehende Besiedlung hervor. Gar so unmittelbar zwingend erscheint mir dieser allerdings nicht durchweg, am deutlichsten vielleicht noch bei Bächlingen, Unterregenbach und Mulfingen. Wohl aber bieten die etwas über die feuchte, im natürlichen Zustand vermutlich zum Teil versumpfte Talaue erhöhten Schwemmkegel der Zuflüsse Schutz vor Überschwemmungen des Hauptflusses, während die harmloseren der Seitenbäche in Kauf genommen wurden. Man suchte das Wasser auf, mied jedoch den feuchten Talgrund und floh das Hochwasser des Flusses, sofern man nicht wie die Mühlen unmittelbar auf ihn angewiesen war. So liegen die Ortskerne meist nicht unmittelbar an der Jagst sondern am Seitenbach, an der Ausmündung des Seitentales ins Haupttal, einige in jenes noch hinein- oder etwas seine Hänge hinaufgreifend, also nicht nur auf dem Schwemmfächer oder -kegel, sondern zum Teil auch auf anstehendem Gestein bzw. Hangschutt.[1])

Dorfbäche

Ein Wunder fast in einer Zeit der Verstädterung: Noch fließen die meisten Bäche in den Dörfern völlig oder wenigstens teilweise offen, oft von fugenreichen Muschelkalkmauern gesäumt, da und dort von gewölbten alten Steinbrücken überspannt. Noch haben sie nicht „Grünanlagen" städtischen Vorbildes, Parkplätzen und ähnlichem zuliebe weichen und in Betonrohre verschwinden müssen.[2]) Das gilt für die schon genannten Orte

1) Auch ein guter Teil der Weiler im Jagsttal zwischen Kirchberg und Bächlingen liegt an der Ausmündung von (kleinen) Seitentälern und Klingen: Eichenau (an der Heppach), Diembot (an einem kleinen, auf der top. Karte nicht benannten, aus einer felsigen Schlucht hervorbrechenden Bächlein), Großforst (an einem kleinen Rinnsal), Kleinforst (am Dünsbach, sehr typisch ausgeprägter Schwemmkegel) und der südliche Ortsteil von Hürden (Völkersbach); außerdem Neidenfels (zum größeren Teil im Seitental) sowie im Brettachtal Bügenstegen (an kleinem Rinnsal) und Liebesdorf (am Michelbach).

2) Der Roggelshausener Bach in Mulfingen wurde 1975 eingedolt! Auch in Hollenbach auf der Hochfläche östlich von Ailringen (s. u.) verschwindet der Dorfbach in einem Rohr.

an ausmündenden Bächen im Jagsttal ebenso wie für Ettenhausen (Ette) und für Zaisenhausen (Ette und Pippibach). Unaufdringlich neu gestaltet wurden der Speltbach in Berndshofen und die Ette in Zaisenhausen.

„Sehenswürdigkeiten", wenn auch nicht gerade von überörtlichem Rang, bietet jedes Dorf, das wir nun auf dem Weg talab durchziehen. Über dem Kennenlernen von Einzelheiten, seien sie kultureller oder naturkundlicher Art, soll uns jedoch stets das Erleben der Tallandschaft in ihrer Gesamterscheinung stehen!

Eberbach

Auf das kleine Dorf Eberbach mit seinem anheimelnden, gedrungenen Kirchlein[1]) folgt mit Buchenbach ein neuer Höhepunkt unserer Wanderung.

Buchenbach

Auf einem kleinen Absatz des Talhanges[2]) an der Mündung des Buchenbaches gelegen, blickt sein Schloß weit ins Tal hinaus. Der rechteckige, hohe und vergleichsweise schlanke Bau – mehr Burg als Schloß – macht von weitem einen fast turmartigen Eindruck. Abgesehen von den nicht mehr originalen, dreiteiligen Fenstern ist uns der

Abb. 50 Schloß Buchenbach (von der Hangseite gesehen). Im Hintergrund links typische Dreigliederung des Hanges.

1) Chorturmkirche, „die unteren Geschosse des Turms entstammen wohl noch dem 13. Jahrhundert" (Himmelheber, S. 138), kleines Rundbogenfenster an der Nordseite. Das Schiff ursprünglich aus gotischer Zeit, doch wiederholt verändert.

2) Im oberen Bereich des Unteren Muschelkalks. (Vgl. zur „geologischen Lage" von Schloß Buchenbach Wagner, 1919, S. 14/15; zum Hangknick des Unteren Muschelkalks allgemein Simon, 1975; s. u. S. 144.)

mittelalterliche Bau wohlerhalten überliefert.[1]) Ein Treppenaufgang[2]) führt zu dem am Hang des ausmündenden Buchenbachtales über dem Dorf gelegenen malerischen Kirchlein.[3]) Der Friedhof dabei ist noch ein „Kirchhof". Die Steige nach Nitzenhausen bietet einen besonders schönen Blick auf Buchenbach mit Burg und Kirche.

Abb. 51 Sehr charakteristisch ausgeprägte Dreigliederung des Talhanges bei Buchenbach. Steinriegel vor allem im oberen und unteren Hangteil.

1) 4 Stockwerke und darüber noch ein zweistockiger Fachwerkgiebel (mit Krüppelwalm gegen Süden), an den Kanten Buckelquader. Der Eckturm im Nordwesten (quadratischer Grundriß) überragt das Gebäude nur wenig. Nach einer (laut Angabe in den „Kunstdenkmälen des ehemaligen Oberamts Künzelsau" allerdings fragwürdigen) Inschrift der heutige Bau 1356 durch Rüdiger von Bächlingen erstellt. Turm und Fachwerkgiebel aus dem 15. Jahrhundert. – Ortsadelige seit dem Ende des 11. Jahrhunderts, wahrscheinlich mit den Herren von Stetten verwandt; diese seit dem 13. Jahrhundert als Besitzer von Buchenbach genannt. Von 1340–1403 im Eigentum der Herren von Bächlingen. Über die Hohenlohe kam Buchenbach 1418 wieder an die Herren von Stetten. Nach manchen Streitigkeiten 1692 eigene Linie Stetten-Buchenbach. Vgl. zur Geschichte Buchenbachs auch Bauer (1859). – Am Fuß des Burghanges im Ort stattliches Herrschaftshaus von 1715 (Fachwerk, Mansardendach).

2) In jüngster Zeit leider nach städtischem Vorbild aus Kunststeinen und Beton neu gebaut.

3) Chorturmkirche. Der „geduckt" wirkende Turm geht noch auf den ursprünglichen Bau des 13. Jahrhunderts zurück. Nach manchen Veränderungen wurde 1695 das Schiff (wohl unter Verwendung der alten Grundmauern) neu gebaut. Der tonnengewölbte, niedere Chor war ursprünglich ganz ausgemalt; bedeutende Teile erhalten (13. Jahrhundert). Spätgotische Kreuzigungsgruppe. Grabdenkmäler.

Allenthalben ziehen Steinriegel, „Steinrasseln“, die Hänge hinab, das Bild des Tales noch immer ganz entscheidend mitbestimmend, auch wenn so mancher als Straßenschotter herhalten mußte und an den steileren Hangteilen viele mehr und mehr im höher wachsenden Gehölz verschwinden. Sehen wir sie uns einmal von der Nähe an! Wenn sich erst wenig Erde in den Fugen und Ritzen gesammelt hat, dann bleibt einer unscheinbaren Pflanze mit rötlichen Lippenblüten manchmal fast allein das *Steinriegel*

Abb. 52 Durch Bau eines Weges angeschnittener Steinriegel.

Feld überlassen, dem Schmalblättrigen Hohlzahn, dem wir auch auf natürlichen sonnigen Hangschuttflächen im Jagsttal begegnen können. Gerne stellt er sich übrigens auf dem Schotter der Bahngleise ein. Zu dieser charakteristischen Hohlzahnart gesellen sich andere genügsame, aber ebenfalls lichtliebende Pflanzen, so zum Beispiel Edelgamander (häufig), Schwalbenwurz, Weißer, Scharfer und Milder Mauerpfeffer, Hungerblümchen, Sandkraut, Kelchsteinkraut und der den Halbschatten vorziehende, aber offene Stellen durchaus nicht scheuende Ruprechtsstorchschnabel. Mit wenig Erde begnügt sich auch die Ackerbrombeere. Mehr und mehr Pflanzen finden sich im Laufe der Zeit ein: Schlehe, Wilde Stachelbeere und Waldrebe; Ackerhornkraut, Große Fetthenne, Walderdbeere, Kriechendes Fingerkraut, Zypressenwolfsmilch, Traubengamander (selten),

Aufrechter Ziest, Steinquendel, Thymian, Gewöhnliches Greiskraut, Blasenfarn. Manche Moose sind ebenfalls recht typisch, so Arten der Gattung Grimmia, Camptothecium lutescens und Homalothecium sericeum, die zierliche Abietinella abietina, Tortula muralis, die krause Tortella tortuosa – hier lassen sich die wissenschaftlichen Namen nicht vermeiden. Viele Pflanzen der Trockenrasen und auch ehemalige Weinberg„unkräuter" können sich auf die Steinriegel verirren und sich je nach den Verhältnissen, die sie dort treffen, kürzere oder längere Zeit halten. Schließlich breitet sich vor allem vom Rand her immer stärker Gebüsch aus, das die Wengerter kurz gehalten hatten, solange noch auf beiden Seiten der Steinriegel Reben wuchsen. Zu den schon genannten Arten kommen u. a. Hartriegel, Liguster, Weißdorn, Rosen, Hasel, Eiche, Hainbuche, Vogelkirsche, Zitterpappel, seltener auch Pfaffenhütchen, Berberitze, Elsbeere, Wildbirne, Kreuzdorn, Faulbaum – leuchtend alle in herbstlicher Farbenpracht und von der Waldrebe (seltener vom Hopfen) in riesigen Massen malerisch umschlungen. Im dicht gewordenen Schatten können bei stärkerer Humusauflage schließlich die „gewöhnlichen" Waldbodenmoose dicke Polster bilden. Bedarf es nochmals eines Hinweises, daß die Steinhaufen mit ihren vielen Höhlungen und mit ihrem Buschwerk Zufluchtsstätten zahlreicher Tiere sind, Heimstätte von Kleinsäugern und Eidechsen, vielen Vogelarten und einem riesigen Heer „Wirbelloser"?

Berndshofen Heimhausen

Berndshofen und Heimhausen sind trotz mancher Veränderungen der letzten Jahre wenig gestörte, kleine Weiler geblieben. Die Muschelkalkbrücke von 1754, die bei Heimhausen über die Jagst führt, gehört zu den schönsten unseres Tales. Daß ihr mittlerer Bogen gegen Ende des letzten Krieges herausgesprengt wurde, läßt sich nur noch an der frischeren Farbe der Steine erkennen.

Jagstberg

Aus dem üblichen Bild der Dörfer und Weiler fällt Jagstberg heraus, durch seine Lage hoch über dem Tal auf einem schmalen, durch eine Klinge bedingten Sporn der Hochfläche nicht weniger als durch seine eng gedrängte Bauweise und die einheitliche Front der hochgiebligen Gebäude gegen die Klinge im Westen: Ein typischer Burgort, dessen angebahnte städtische Entwicklung nicht recht zur Entfaltung gekommen ist, nicht zuletzt wegen der unmittelbaren Nähe Mulfingens, mit dem es unter Würzburger Herrschaft eng verbunden war und das als Marktort und Sitz eines Centgrafen zentrale Funktionen ausübte. Die im 13. Jahrhundert erbaute Burg stand auf der höchsten Stelle des Ortes, zwischen der Kirche und der Straße nach Mulfingen, also entgegen der „Regel" nicht an der Spitze des (gegen Norden sich senkenden) Spornes. Sie ist fast spurlos verschwunden,[1]) und auch von der ehemaligen Stadtbefestigung zeugen nur noch spärliche Mauerreste. Weithin muß die hochgelegene Burg einst die Gegend beherrscht haben, den Reisenden freilich nicht immer zur Freude. War sie doch zu gewissen Zeiten in den Händen „tüchtiger Raubritter, die von hier aus ihr Handwerk, den Straßenraub, lukrativ ausübten."[2]) Heute fehlt Jagstberg ein überragendes Bauwerk, aber bei seiner Lage wirkt es trotzdem noch immer sehr eindrucksvoll. Kirche, Pfarrhaus und ehema-

Abb. 53 Jagstberg.

1) 1782 bis auf den Bergfried abgebrochen. Diesem widerfuhr 1822 dasselbe traurige Schicksal. Vgl. die anschauliche Schilderung von Karl Julius Weber.

2) Schlauch, 1964, S. 419 (da aus dem Zusammenhang genommen, etwas verändert).

lige Kelter beherrschen das Bild.[1]) Einen Stoßseufzer können wir uns hier allerdings so wenig wie an manch anderem Ort unserer Wanderung ersparen: Viele Fachwerkhäuser verlangen nach Renovierung! Der ganze Ort gewönne sehr dadurch.

Mulfingen

Nicht versäumen sollte der Wanderer einen Besuch der zu Füßen des Jagstberger Hanges gelegenen Mulfinger St. Annakapelle mit ihrem Hochaltar aus dem Anfang des 16. Jahrhunderts. An einer als wundertätig geltenden Quelle 1510/11 erbaut, hat die Wallfahrtskapelle in der zweiten Hälfte des 19. Jahrhunderts

Abb. 54 Mulfingen. Typisch der Steinriegelhang im Hintergrund.

1) Von weitem erscheint die kleine, aber sehr schmucke Kirche viel umfangreicher als sie tatsächlich ist. Um 1600 unter dem bekannten Würzburger Fürstbischof Julius Echter von Mespelbrunn in gotisierendem Stil erbaut. Spitzbogenfenster (das Maßwerk leider beseitigt). In der zweiten Hälfte des 18. Jahrhunderts innen umgestaltet. Mehrere Altäre. Schön die Kanzel von 1760/70. Das wie ein kleines Renaissanceschloß erscheinende Pfarrhaus 1614 unter demselben Bischof als Amtshaus erbaut. – Aus der wechselvollen Geschichte Jagstbergs einige Daten: Ursprünglich Sitz eines edelfreien Geschlechts. Als Würzburger Lehen kommt Jagstberg an die Hohenlohe-Brauneck. Durch Verkauf „burg und stat Jagsberg" 1340 an die Söhne Kaiser Ludwigs des Bayern. „Ob Jagstberg damals tatsächlich schon Stadtrechte besaß, ist unklar" (Himmelheber, S. 189). (Nach den Angaben der Oberamtsbeschreibung und Weidemanns im „Führer zu vor- und frühgeschichtlichen Denkmälern", S. 82/83, erhielt Jagstberg durch Kaiser Ludwig den Bayern 1340 Stadtrecht.) 1387 verkauften die Herzöge von Bayern ihre Rechte an Würzburg, das Jagstberg verschiedenen Rittern zu Lehen gab und schließlich gegen Ende des 15. Jahrhunderts in eigene Verwaltung nahm. Förderung durch Bischof Julius Echter von Mespelbrunn. Er gab 1586 eine Stadtordnung und ließ die Burg renovieren. 1802/03 an Hohenlohe-Bartenstein, 1806 an Württemberg.

beträchtliche Veränderungen erfahren,[1]) die aber den Unbefangenen kaum stören werden. Auch die Mulfinger Ortskirche besitzt einige sehenswerte Skulpturen. Mit ihrer beherrschenden Lage über dem Ort, dem angrenzenden Friedhof und dem Treppenaufgang erinnert sie etwas an die Buchenbacher Kirche. Freilich ist die Mulfinger sehr viel stattlicher und auch ein wenig nüchterner.[2])[3])

Klebe im Unteren Muschelkalk

Die Dreigliederung des Talhanges fällt immer wieder ins Auge, oft geradezu„lehrbuchhaft" typisch ausgeformt, mancherorts freilich auch nur angedeutet. Ausgeprägte Klebe im Unteren Muschelkalk finden sich an mehreren Stellen. Sie zeichnen etwas schroffere Züge ins Antlitz des unterhalb der Langenburger Schlinge wieder offener und weiter gewordenen Tales, ohne seinen im ganzen freundlichen Charakter stärker zu beeinflussen, halten sie sich doch nach Höhe und Länge in bescheidenen Grenzen. Am eindrucksvollsten ist das Kleb am rechtsseitigen Hang kurz oberhalb von Mulfingen. Knapp vierzig Meter erhebt es sich über die „Badau", teilweise fast senkrecht und das bloße Gestein freigebend, meist aber doch dem Buschwald die Möglichkeit zur Ansiedlung bietend. Wie sich das für ein echtes, „aktives" Kleb gehört, prallt der Fluß unmittelbar an seinen Fuß. Vom Steilhang an der Straße unterhalb Heimhausens hat er sich dagegen in geologisch sicher ganz junger Vergangenheit auf die gegenüberliegende Talseite verlagert. Es ist – der Ausdruck sei in Analogie zum Strandkliff erlaubt – ein „inaktives", ein

1) So u.a. den Turmanbau im Westen. – War die seitherige Fassung der Quelle in einer Art Schacht gewiß wenig angemessen, so will dem Verf. doch der neue Brunnenstein allzu modisch, „vorstädtisch", erscheinen.

2) Auf die mittelalterliche Chorturmkirche geht der im Vergleich zu den beträchtlichen Ausmaßen der Kirche niedere Turm zurück. 1693/94 erfolgte der Neubau des saalartigen Schiffes mit neuem Chor im Westen. Der alte Chor mit Tonnengewölbe im Osten dient als Eingangshalle und Aufgang zur Empore. – Weitere bemerkenswerte Gebäude: Pfarrhof von 1784 (stattliches Wohnhaus mit Scheuer und Stall); ehemaliges Amtshaus von 1782 mit schönen schmiedeeisernen Fenstergittern; Haus des Centgrafen (jetzt St. Josephspflege) mit Skulpturen am Eingang (Inschrift von 1741). – Marktrecht seit 1479. Nach der Oberamtsbeschreibung besaß Mulfingen zwei (früh abgegangene) Tore und war wahrscheinlich mit einem Zaun umgeben. – Von einer überdachten Holzbrücke, die 1845 bei Besigheim als Eisenbahnbrücke gebaut worden war, hatten Mulfingen und Eberbach je eine Hälfte „geerbt" und 1874 als Straßenbrücke wieder aufgebaut. Nachdem die Eberbacher schon früher abgegangen war, sollte die Mulfinger Brücke vor einigen Jahren einem Straßenbau weichen. Während Bemühungen um ihre Erhaltung noch im Gang waren, verbrannte sie.

3) Etwa 2 km (Luftlinie) nordöstlich von Mulfingen liegt auf der Hochfläche der zeitweilig Wasser führende Ottensee, eine große Karstwanne.

„fossiles" Kleb. Noch an mehreren anderen Stellen konnten wir auf der durchwanderten Strecke seit Bächlingen Steilhänge des Unteren Muschelkalks sehen: Rechts unterhalb der Bächlinger Herrenmühle, bei Oberregenbach (beide recht bescheiden), links oberhalb von Unterregenbach (kurz, aber schön ausgeprägt, starke Tuffbildung, Riesenschachtelhalm in reichen Beständen), nordöstlich von Berndshofen, gegenüber von Lausenbach- und Märzenbachmündung sowie (wenig schroff und hoch) gegenüber und rechts unterhalb von Mulfingen. Der Eindruck, daß der Untere Muschelkalk talabwärts eintaucht, drängt sich an der letztgenannten Stelle aus den Geländeformen unmittelbar auf und dies zu Recht. Doch davon später.

Taltiefe Während das Tal zwischen Langenburg und Oberregenbach fast 170 m Tiefe erreicht (Schindbachmündung 286,7 m, trigonometrischer Punkt 453,0 m östlich davon am oberen Talrand), geht sie flußabwärts wieder etwas zurück. Die Oberamtsbeschreibung Künzelsau gibt für den Bereich Eberbach-Mulfingen etwa 150 m, für Ailringen 142 m und Dörzbach 136 m an. Diese Werte scheinen mir etwas hoch gegriffen, da jedoch die Talschulter oft „verwaschener" ist als im oberen Bereich unserer Strecke und die flachgeneigten, zur Hochfläche überleitenden Hangbereiche teilweise als noch zum Tal gehörig empfunden werden, können Angaben über die Tiefe des Tales nicht ohne Willkür sein.

Das Ettetal mit Bartenstein

und andere Nebentäler

Ganz hat uns der Fluß und sein schönes Tal in den Bann genommen. So wird man es dem Verfasser nicht verargen, wenn er seit längerem die Nebentäler geflissentlich übersehen hat. Allzu schwierig war dies ohnehin nicht. Denn von der Brettach- bis zur Holderbachmündung, auf etwa 14 km Flußlänge, öffnet sich kein Nebental, das diesen Namen verdient. Dünsbach bei Morstein, Völkersbach bei Hürden, Stechbergklinge bei Nesselbach, Schindbach und Reisichsbach unterhalb von Langenburg sowie die Dorfbäche von Bächlingen (Ziegelbach) und Unterregenbach – sie geben sich dem Wanderer durchs Haupttal bestenfalls als Ausbuchtungen oder Einkerbungen an dessen Hang zu erkennen. Die meist nur ein bis zwei Kilometer langen Rinnsale haben großenteils schroffe Schluchten mit starkem, unausgeglichenem Gefälle ins felsige Gestein gegraben. Auch das etwas längere Holderbachtal besitzt in seinem mittleren und oberen Teil Schluchtcharakter. Zusammen mit dem wesentlich größeren, mehrfach gegabelten, bei Eberbach mündenden, einsamen Rötelbachtal entwässert es das weite, fürstliche Waldgebiet

Klingen

Holderbach- u. Rötelbachtal

Abb. 55 Die Hertensteiner Mühle im Rötelbachtal.

nordöstlich Langenburgs mit seinen stimmungsvollen, teils von mächtigen Eichen bestandenen Waldwiesen, deren eine die in Agnes Günthers Roman so verhängnisvolle „Römerwiese“ ist. Auf die kleinen Täler des nur kurzzeitig wasserführenden Lausenbachs und des Märzenbachs folgt das bei Mulfingen mündende Tal des Roggelshausener Baches, an Länge etwa zwischen dem Holderbach und dem Rötelbach reihend. Alle drei größeren Täler sind überwiegend waldbekleidet, nur gegen den Unterlauf werden sie offener. Dort wuchsen einst Reben. Ein Teil der zahlreichen Steinriegel wird aber auch hier allmählich vom Wald überwuchert. Von der Hertensteiner[1]) Mühle im Rötelbachtal abgesehen, sind diese Täler unbesiedelt. Auch dem modernen Erholungsrummel blieben sie bislang verborgen. Ruhe und Stille, in unserer Zeit so selten gewordene, kostbare Güter, dort lassen sie sich noch finden.

Tal des Roggelshausener Baches

Abb. 56 Das Rötelbachtal nahe seiner Mündung bei Eberbach.

Hertenstein

1) Auf einem bewaldeten Vorsprung der Hochfläche im Winkel zwischen Rötelbachtal und Billingsbachtal lag die an Umfang offensichtlich ziemlich bescheidene Burg Hertenstein. Sie wurde im 13. Jahrhundert erbaut, im 15. verlassen. Besitzer war das gegen Ende des 14. Jahrhunderts ausgestorbene Geschlecht dieses Namens. Erhalten blieben im wesentlichen nur die recht eindrucksvollen, steil und tief in das Felsgestein getriebenen Gräben der zweiteiligen Anlage.

Bevorzugte Siedlungsplätze für die Dörfer und größeren, ziemlich geschlossen gebauten Weiler sind hier wie im gesamten Raum die Stellen, wo die Täler im Oberlauf in flache Mulden der Hochfläche übergehen. Die charakteristische Dreistufung des Hangprofils im Haupttal setzt sich in die Seitentäler hinein fort.[1]) Sehr schön zeigt sich dies z. B. im Holderbach- und im Rötelbachtal sowie in dem bei Berndshofen mündenden Speltbachtal, dem einzigen etwas größeren linksseitigen Nebental dieses Bereiches.

Lage der Siedlungen

Speltbachtal

Das bedeutendste Seitental zwischen der Brettachmündung und dem Ende unserer Wanderung durchfließt die Ette. In weitem Bogen holt es nach Osten und Südosten aus. Die letzten Verästelungen reichen als ganz seichte Mulden der Hochfläche noch über die „Kaiserstraße" hinauf. Die beiden Quellbäche, der Tierbach und der gegen den Oberlauf dreifach gegabelte Eselsbach, beginnen etwa ab Herrentierbach bzw. Heuchlingen und (kurz unterhalb) Riedbach schärfer sich einzugraben und typische (Haupt-)Muschelkalktäler zu bilden, schmal und eng, der Tierbach z. T. mit Talmäandern. Ihre Tiefe ist zunächst noch mäßig, beim Zusammenfluß von Tierbach und Eselsbach mag sie etwa 60 m betragen. Kleine Wäldchen wechseln mit heideartigen Flächen, Wiesen, Weiden und Steinriegeln.[2]) Die Verwachsung der Hänge macht rasche Fortschritte.

Ettetal

Das Reisen ist heute nicht nur körperlich, sondern auch geistig bequem geworden. Auf alle Kulturdenkmäler und in wachsendem Maße auch Naturerscheinungen, die nur entfernt das Interesse des Fremden finden könnten, wird er durch Hinweisschilder und Wegzeiger, Prospekte und Reiseführer oft recht einfacher, „plakathafter" Art aufmerksam gemacht. Er *kann* bei dieser übereifrigen Information kaum noch irgend eine „Besonderheit" übersehen. Viele kennt er schon von Bildern oder vom Fernsehen. So vermag er, auch abgesehen von seiner viel größeren Beweglichkeit, weit mehr „mitzunehmen" als ein Reisender früherer Zeit. Aber es ist doch bestenfalls nur ein Nacherleben. Nur noch selten wird einem „Urlauber" unserer Zeit das beglückende Erlebnis einer unerwarteten „Entdeckung" wider-

1) Auf der Geognostischen Karte von Württemberg Blatt Künzelsau (2. Auflage, 1929) ist der Untere Muschelkalk im Holderbachtal, Rötelbachtal, Buchenbachtal, Speltbachtal, Hetzlesbachtal sowie in den kleinen Seitentälern dieses Gebietes nicht verzeichnet.

2) Eigenartig die in die Steinriegel hineingebauten alten Wengertunterstände.

fahren. Noch heute kann dies manchem Wanderer oder auch „Autotouristen“ zuteil werden, der sich ins Ettetal „verirrt“. Denn wer würde in diesem entlegenen kleinen Tal eine Fürstenresidenz vermuten? Von weitem gesehen, wirkt dabei Schloß

Bartenstein Bartenstein gar nicht einmal allzu „fürstlich“, im Vergleich zu Langenburg trotz seiner Ausmaße und seiner wuchtigen Erscheinung eher ein wenig bescheiden, gewissermaßen ländlich. Um so mehr überrascht der prächtige Schloßhof, in welchen die Hauptstraße des Städtchens führt.

Abb. 57 Bartenstein mit Ettenhausen.

Die wehrhafte Lage im Mündungswinkel zweier kleiner Seitentäler rund 80 m über dem Hauptbach und die hohe Mauer zwischen der Spitze des Spornes und dem Schloß erinnern an eine Burg, und, wie kaum anders zu erwarten, hat Schloß Bartenstein die Nachfolge einer mittelalterlichen Burg angetreten, die im Bauernkrieg zerstört und nach Wiederaufbau im

Dreißigjährigen Krieg (1632) teilweise niedergebrannt worden war.[1]) Das heutige dreiflügelige Schloß entstammt dem 18. Jahrhundert. 1711/16 entstand als erster Teil die Schloßkirche im Nordflügel, 1726/28 folgte der Turm (zugleich Schloß- und Kirchturm), um 1756 bis 1760 der Hauptteil des Schlosses. Es verbindet barocke Pracht mit anheimelnder Schlichtheit. Der nach Osten, zur Stadt sich öffnende Hof, in dem ein kunstvoller Brunnen rauscht, ist von seltener Harmonie, spannungsvoll gegliedert und doch mit großzügiger Geste. Die Seitenflügel weichen im östlichen Teil zunächst zurück und laufen gegen Westen, gegen den Mittelbau, wieder einander entgegen. Sie lenken so den Blick auf den Hauptteil des Schlosses und verleihen dem Hof Weite, gleichzeitig gegen seine Öffnung im Osten einen gewissen Abschluß. Ein stattlicher, dreieckiger Ziergiebel mit großem Wappen und ein Mansardendach erheben sich über dem (als Risalit) hervortretenden Mittelteil des Haupt-(West-)flügels, der eine schöne Treppenanlage besitzt. Die Inneneinrichtung blieb in einigen Repräsentationsräumen sowie – besonders kostbar – in der Kirche[2]) wohlerhalten. Der Turm hebt sich in seinem schlicht-bodenständigen Muschelkalkgewand vom farbenfrohen Verputz des übrigen Schlosses ab. Besäße er nicht die gemütliche Zwiebelhaube, so könnte man ihn von der Ferne fast für einen kriegerischen Bergfried halten. Ein zweites, kaum auffallendes, kleines Türmchen blickt nach Westen das Ettetal hinab. Zur barocken Residenz gehörte ein Schloßpark, auch er noch erhalten, im südlichen Teil als Garten gestaltet, mit schönem Pavillon aus der zweiten Hälfte des 18.

1) Ritter von Bartenstein werden von 1247–1350 als hohenlohische und Reichslehensleute genannt. „Das Zubehör der Burg vergrößerte sich allmählich zu einer Herrschaft, die aus kurmainzischen und hohenlohischen Lehen und z. T. wohl auch aus Allodien bestand" (Kreisbeschreibung, S. 171). Die Burg gelangte über mehrere andere ritterliche Besitzer zwischen 1438 und 1475 an die hohenlohischen Lehensherren. Ab 1688 Residenz der Linie Hohenlohe-Waldenburg-Bartenstein (1744 in den Reichsfürstenstand erhoben). – Burgstellen finden sich im Mündungswinkel von Eselsbach- und Tierbachtal nordwestlich von Eichholz (stark 1 km Luftlinie südlich Bartensteins) sowie im Mündungswinkel zwischen Eselsbach- und Riedbachtal, knapp 1 km südwestlich von Riedbach. Ob auf dieser Altbartenstein genannten Burg ursprünglich die Herren von Bartenstein saßen „und das jetzige Bartenstein eine jüngere Anlage ist, ist noch nicht geklärt" (Kreisbeschreibung, S. 171). „Möglicherweise war Altbartenstein die Burg der Herren von Heuchlingen" (ebendort, S. 361). Wälle und Gräben von Altbartenstein haben sich recht gut erhalten und muten verhältnismäßig frisch an. Bedeutende Ausmaße hat die Anlage aber offensichtlich nie besessen. Die Eichholzer Burgstelle hebt sich nur noch schwach im Gelände ab. In ihrem Bereich Schuttablagerungen neuen Datums! *Altbartenstein*

2) Drei Altäre, prunkvolle Herrschafts- und Orgelempore, Deckenfresken, eindrucksvolle Plastiken.

Abb. 58 Im Bartensteiner Schloßpark.

Jahrhunderts, im nördlichen waldartig, die ganze Anlage mit einer Muschelkalkmauer umgeben.

In den letzten Jahren der absolutistischen Zeit, im ausgehenden 18. Jahrhundert, herrschte reges Leben am fürstlichen Hof zu Bartenstein. Französische Emigranten hatten hier Zuflucht

Abb. 59 Pavillon im Bartensteiner Schloßpark.

gefunden, „wo eine ... sehr gute Bibliothek und ein ausgezeichnetes Orchester mit Aufführung kleiner Opern[1]) und Theaterstücke viel zur Ausgestaltung einer Hofhaltung beitrug, welche die Abgelegenheit der Gegend nicht mehr spürbar werden ließ. Man kann ... sich das Leben und Treiben in Bartenstein mit der großzügigen Hofhaltung, mit den bedeutenden Namen der französischen Gesellschaft im Rahmen der Schloßgebäude, des Schloßgartens und der Beamtenhäuser des Städtchens gar nicht bunt genug vorstellen. Die große Welt war in das kleine Bergnest gekommen" (Rudolf Schlauch, 1962 a, S. 71). Nach dem Übergang an Württemberg (1806), mit dem das Städtchen seine Funktion als Regierungssitz eines Zwergstaates und damit einen guten Teil seiner Lebensgrundlage verloren hatte, sah es viel Armut und die Oberamtsbeschreibung von 1847 spricht von der „gedrückten Lage der meisten Einwohner."

So sehr Bartenstein in mancher Hinsicht den beiden anderen Residenzstädtchen unseres Gebietes, Kirchberg und Langenburg, auch gleicht, so unterscheidet es sich in anderer doch ganz grundsätzlich: Es ist keine mittelalterliche Stadt, sondern eine Gründung der absolutistischen Zeit. Ursprünglich stand hier

1) 1796, also nur wenige Jahre nach ihrer Entstehung, gelangte hier sogar die „Zauberflöte" zur Aufführung.

nur die Burg[1]) mit einem Wirtschaftshof. Beamte, Diener, Handwerker und Händler siedelten sich im 18. Jahrhundert an. Der „Stadtkern" besteht im wesentlichen aus *einer* Straße mit längsseits zu ihr ausgerichteten, zumeist mit Walmdächern versehenen Häusern. Sie verläuft hart am Rand des Abfalles zu einem kleinen Seitental. Zusammen mit dem Schloß bestimmt sie das Bild des Städtchens und seine Wirkung in der umgebenden Landschaft. Ein wohlerhaltenes, schmuckes Torgebäude mit Mansardendach bildete ursprünglich den Abschluß, mit einem bescheideneren endet die nur aus wenigen Häusern bestehende Seitenstraße östlich des Parkes.[2]) Fortführung der mittelalterlichen, traditionellen Form trotz Verlust des Verteidigungszwekkes! An das Tor der Hauptstraße schließt eine ältere „Vorstadt" an, noch städtisch dicht, aber etwas unregelmäßiger gebaut.

Einzelne Häuser am Hang[3]) leiten zu dem im Tal liegenden Dorf

Ettenhausen

Ettenhausen hinab, das stets mit Bartenstein eng verbunden war. Seine schlichte, ansprechende Kirche liegt auf einem kleinen Hangvorsprung, hoch über dem Ort.[4]) Der Friedhof ist auch hier noch Kirchhof, von schöner Muschelkalkmauer umschlossen. 1334 wurde die Kapelle – bis dahin Filiale von Billingsbach – zur Pfarrkirche erhoben. Zu ihr gehörte Bartenstein, und als der Graf 1667 zum Katholizismus übertrat,[5]) mehr und mehr Katholiken sich in Bartenstein niederließen und dort die katholische Schloßkirche gebaut wurde, blieben die Evangelischen kirchlich bei Ettenhausen.

1) Spornlage, wie u. a. bei R. Gradmann (1914) und im „Württembergischen Städtebuch" für Bartenstein angeführt, besitzt nur das Schloß, jedoch nicht das Städtchen. Der Vorsprung weitet sich unmittelbar hinter dem Schloß zur breiten, gegen Norden flach ansteigenden Hochfläche. „Hochflächenrandlage" wäre eine treffendere Charakterisierung. „Für Württemberg die bezeichnendste Städteklasse" nennt Gradmann (a. a. O., S. 147) die Zwergstädte. Er gibt für das Gebiet des ehemaligen Königreiches 62 an, darunter 22 mit weniger als 1000 Einwohnern. Bartenstein rangiert an viertletzter Stelle. Manch einer dieser Orte hat in der Zwischenzeit die Kategorie der Zwergstädte längst verlassen und sich in einer aus der Sicht des Landschafts- und Denkmalschutzes nicht sehr erfreulichen Weise entwickelt. Bartenstein ist ein typisches, liebenswertes Zwergstädtchen geblieben.

2) Das Untere Tor wurde 1945 zerstört.

3) Sie dürfen sich nicht weiter vermehren, wenn das typische Bild von Bartenstein nicht leiden soll!

4) Von der mittelalterlichen Kirche stammt der untere Teil des gedrungenen Turmes. Das Schiff von 1785; Saal. In dessen „Ostwand ist eine apsisartig ausschwingende Holzarchitektur eingebaut, die Altar, Kanzel und Orgel in sich aufnimmt" (Himmelheber, S. 141).

5) Dies führte zu mancherlei Zwistigkeiten, die um die Mitte des 18. Jahrhunderts im „Osterstreit" ihren Höhepunkt fanden, in dem Truppen des Ansbacher Markgrafen zum Schutz evangelischer Interessen in Bartenstein einmarschierten.

„Das enge und stille Ettethal mit seinen Laubgebüschen ist ein Lieblingsaufenthalt der Nachtigallen." Durch das also von der Oberamtsbeschreibung Künzelsau gepriesene, trotz der Straße noch immer ruhige, freundliche (im Vergleich zu vielen anderen Seitentälern bzw. Talstrecken übrigens eher weite) Tal hinab wollen wir wieder zur Jagst zurückkehren. Als „etwas kahl", als „kahl, steinreich" bezeichnet es die Oberamtsbeschreibung an anderen Stellen. Heute wird sich dieser Eindruck sicher nicht mehr aufdrängen, aber viel offener als beispielsweise das Rötelbachtal und das Rißbachtal ist es auch jetzt noch. Dem überwiegend bewaldeten Schattenhang steht die lichtere, von vielen Steinriegeln durchzogene, freilich allmählich verwachsende Sonnenseite gegenüber. Dreigliederung der Hänge fehlt, was aber keineswegs heißt, daß sie nicht mannigfach differenziert wären. Das Ettetal verläuft in einem tektonisch tief gelegenen Bereich, der „Hollenbacher Mulde" (s. u.) und reicht deshalb nicht bis zum Unteren Muschelkalk hinab.[1]) *Unteres Ettetal*

In natürlichem, gehölzbeschatteten Bett eilt die Ette durchs grüne Tal der Jagst entgegen. Eine schöne, alte Steinbrücke mit zwei Bögen überspannt sie in Zaisenhausen. Der Pfeiler trägt eine Nepomukfigur von 1780. Einsam und unberührt ist noch ganz das Tal des kleinen, in Zaisenhausen in die Ette mündenden Pippibaches, als „tiefe, finstere Schlucht" in der Oberamtsbeschreibung bezeichnet. Das Zaisenhausener Kirchlein[2]) steht etwas erhöht am südlichen Ortsrand, vom Friedhof umgeben. Noch gegen Ende des vorigen Jahrhunderts war das Dorf sehr abgelegen, mit der „Außenwelt" nur durch ein Sträßchen nach Ettenhausen und steile Steigen zur Hochfläche verbunden. Heute läßt sich's bequem zum Jagsttal hinabwandern oder -fahren. *Zaisenhausen*

1) Nach freundlicher Mitteilung von Herrn Diplomgeologen Dr. Simon tritt die Ette vermutlich einige hundert Meter oberhalb ihrer Mündung in die Orbicularismergel, den obersten Abschnitt des Unteren Muschelkalks.

2) In der jetzigen Form von 1745. Nord-Süd ausgerichtet. Der Chor blickt nach Süden, die Eingangsseite mit dem Dachreiter nach Norden, zum Dorf.

Von der Ettemündung nach Dörzbach

Dünnersberg

Unterhalb der Ettemündung wollen wir ein wenig den sonnenseitigen Hang emporsteigen. Sehr schön ist der Blick vom Dünnersberg ins Tal und auf das beherrschend gelegene Jagstberg. Hier und weiter in Richtung Ailringen, an der Hansenklinge und am Eulenberg, überraschen prächtige Wacholderbestände, die ausgedehntesten, die ich auf der ganzen Strecke von Crailsheim bis Dörzbach kenne. Merkwürdig und kaum deutbar, dieses spärliche Auftreten des Wacholders im Muschelkalkabschnitt des Jagst- und auch des Kochertales, wo er sich doch im Keuperstufenrandbereich bei Crailsheim und erst recht in den Muschelkalktälern der Tauber und ihrer Zuflüsse in reicher Zahl einstellt.

Abb. 60 Wacholderheide am Talhang (bei der Hansenklinge, zwischen Mulfingen und Ailringen).

Trockenflora

Mit dem benachbarten Taubertal, vor allem der näheren und weiteren Umgebung von Tauberbischofsheim, können Jagst- und Kochertal, was den Reichtum an wärme- und trockenheitsliebenden Pflanzen anlangt, nicht wetteifern. Dort haben wir es mit einem Ausläufer der bei den Floristen hoch im Ruf stehenden mainfränkischen Trockenflora zu tun. Die Niederschläge fallen spärlicher als im Gebiet der mittleren Jagst[1]) und heißer brennt die sommerliche Sonne am Hang. Der an kostbaren Pflanzen besonders reiche, oft sehr flachgründige, karge Untere Muschelkalk steht flächiger an als auf unserer Strecke des Jagsttales. Die (Halb-)Trockenrasen im Jagsttal sind oft zu „fett", zu üppig, um viel Hoffnung auf reichere Beute an seltenen Pflanzen zu wecken. Doch finden sich weiter flußabwärts auch im Jagst- und Kochergebiet sehr bemerkenswerte Trockenhänge, so im Laibachtal, bei Unterginsbach, Sindeldorf, Marlach, Diebach, Crispenhofen, in vergleichsweise bescheidenem Umfang auch im untersten Abschnitt unseres Gebietes bei Dörzbach. Hier wachsen (zusammen mit den meisten unten für den Dünnersberg genannten Pflanzen) auf Unterem Muschelkalk Fliegenragwurz (unteres Goldbachtal), Hummelragwurz (nordwestlich Dörzbachs und im unteren Goldbachtal), Mükkenhändelwurz (südlich Dörzbachs, wenige Pflanzen), Helmknabenkraut (in einer von Jahr zu Jahr stark wechselnden Zahl), Purpurknabenkraut (unteres Goldbachtal), Blauer Lattich (unteres Goldbachtal), Zartblättriger Lein (im unteren Goldbachtal in großer Zahl), Weidenblättriger Alant, Bayrisches und Mittleres Leinblatt (beide sehr selten). Die Ästige Graslilie überzieht im Hochsommer die steinigen Hänge mit ihrem weißen Flor.

An den Sonnenhängen bei Mulfingen und Ailringen werden wir die meisten dieser Kostbarkeiten wohl vergeblich suchen, obwohl sie noch immer zu den bestausgeprägten ihrer Art auf unserer Talstrecke gehören. Aber es lohnt sich trotzdem sehr, die Augen offen zu halten. Da erwarten uns z. B. im Frühling die bärtigen Glocken der Küchenschelle und im Spätsommer erfreuen uns Bergaster, Gefranster und Deutscher Enzian – für das Jagsttal immerhin sehr bemerkenswerte Arten. Der Kichertragant (sehr vereinzelt) sei ebenfalls hervorgehoben. Daneben stellen sich zahlreiche andere, auch sonst häufigere, für mehr oder weniger trockene, offene Standorte unseres Tales bezeichnende Pflanzen ein: Karthäusernelke (sehr häufig), Durchwachsenblättriges Hellerkraut, Frühlingshungerblümchen, Frühlingsfingerkraut, Hügelerdbeere (selten), Odermennig, Kleiner

1) In der Trockeninsel um Tauberbischofsheim gehen sie unter 600 mm im Jahr zurück, im übrigen württembergischen und badischen Taubertal betragen sie zwischen 600 und 650 mm. Im größeren Teil des mittleren Jagsttals bewegen sie sich dagegen zwischen etwa 750 und 800 mm, nur im oberen Bereich, etwa um Crailsheim - Kirchberg, unterschreiten sie 750 mm Jahreshöhe (nach dem Klimaatlas von Baden-Württemberg).

Wiesenknopf, Färberginster, beide Hauhechelarten, Wundklee, Hornklee, Bunte Kronwicke, Hufeisenklee, Behaarte Wicke, Vogelwicke, Schmalblättrige Wicke, Zypressenwolfsmilch, Gewöhnliche Kreuzblume, Sonnenröschen, Behaartes Veilchen, Sichelblättriges Hasenohr (sehr häufig), Hirschwurz, Wilde Gelbe Rübe, Schwalbenwurz, Hügelmeister, Echtes Labkraut (sehr häufig), Natternkopf, Genfer Günsel, Edelgamander (häufig), Traubengamander (sehr selten), Großblütige Braunelle, Aufrechter Ziest, Wirbeldost, Steinquendel, Thymian, Lampenkönigskerze, Großer Ehrenpreis, Gamanderehrenpreis, Ackerwachtelweizen, Kammwachtelweizen, Taubenskabiose, Rundblättrige Glockenblume, Scharfes Berufkraut, Dürrwurz, Raukenblättriges Greiskraut, Golddistel, Stengellose Kratzdistel, Wiesenflockenblume, Skabiosenflockenblume, Wegwarte, Rauher Löwenzahn, Bitterkraut (am Wegrand); Blaugrüne Segge, Aufrechte Trespe, Schafschwingel, Fiederzwenke, Zittergras, Schillergras (selten), Helmknabenkraut (sehr vereinzelt) u. v. a.; dazu die Sträucher des Trockenbusches wie Hartriegel, Liguster, Weißdorn, Schlehe, Feldahorn, verschiedene Rosenarten, Elsbeere, Berberitze. Stinkende Nieswurz, Akelei und Pfirsichblättrige Glockenblume finden sich im Halbschatten und auch an freier Halde.

Abb. 61 Ailringen.

Ailringen

Wie in Buchenbach, Mulfingen, Ettenhausen und Zaisenhausen, so steht auch in Ailringen die Kirche erhöht über dem Dorf an beherrschender Stelle, dort wo das Rißbachtal einmündet und das Haupttal nach Westen biegt, so daß sie wie in einem Taldreieck gelegen erscheint. Charakteristisch der Steinriegelhang als Hintergrund! Unter allen Dorfkirchen des mittleren Jagsttales geht von ihr die stärkste landschaftliche Wirkung aus. 1621–1629 errichtet, überrascht ihr rein gotisches Äußeres. Erbauer ist der Deutschorden[1]) unter dem nachwirkenden Einfluß des (1617 verstorbenen) Bischofs Julius Echter von Mespelbrunn („Juliusstil"). Wir erinnern uns an die ebenfalls gotischen Formen der unter diesem Bischof erbauten Jagstberger Kirche! Im 18. Jahrhundert erhielt die Ailringer Kirche eine „zeitgemäße" Ausstattung. Auch wenn wir den Einbau der Empore als Störung des ursprünglichen Raumes empfinden mögen, so versöhnt doch ihre schwungvolle Form ebenso wie der künstlerische Rang der Kanzel, der Skulpturen[2]) und Gemälde. Wie in Buchenbach und Mulfingen, so ist auch hier der Friedhof ein Kirchhof, noch immer eindrucksvoll in seiner Wehrhaftigkeit, obwohl die Mauer, eine Trockenmauer aus Muschelkalk, früher höher war und auch die beiden Tortürme der „Kirchenburg" sich manche Veränderung haben gefallen lassen müssen.[3]) Eigentümlich die gleichartigen Holzkreuze, stimmungsvoll der Eingang mit seinen Linden. Sehr schön ist der Blick auf Ailringen von den umgebenden Hängen, z. B. vom Weg entlang der Reitersklinge, der mit seinem teilweise erhaltenen alten Pflaster durch verwildernde Steinriegellandschaft führt.

1) Er hatte nach und nach den Besitz des ganzen Dorfes, das zu den ältesten Siedlungen im Jagsttal gehört, mit allen Rechten erworben und es zum Amtssitz erhoben. 1790 erhielt Ailringen Marktrecht.

2) Die Kirche besitzt eine ganze Reihe wertvoller Figuren, vor allem aus der späten Gotik und aus dem 18. Jahrhundert; die Kanzel aus der 2. Hälfte des 18. Jahrhunderts.

3) Der südliche wurde erniedrigt, der nördliche zu einer kleinen, offenen Kapelle (mit Altar aus dem 18. Jahrhundert) umgestaltet. (Vgl. auch v. Erffa, 1937, 1938.)
Weitere sehenswerte Gebäude in Ailringen: Bernhardskapelle. Spätgotisch mit Veränderungen im 17. und 18. Jahrhundert. Von außen wenig auffallender Bau, aber mit sehenswertem Bildstock davor. In einem neueren Altarschrein Skulpturen aus dem frühen 16. Jahrhundert. Außerdem in der Kapelle Figuren aus dem 17. und 18. Jahrhundert. – Ehemaliges Amtshaus des Deutschordens, im Obergeschoß Fachwerk. Damit verbunden eine stattliche alte Scheuer (Fruchtkasten?), Muschelkalk-Mauerwerk, Fachwerkgiebel. – Rathaus aus dem 16. Jahrhundert, gemauertes Erdgeschoß, Obergeschoß Fachwerk. – Gasthaus „Herzog Anton", renoviertes Fachwerkhaus. – Bemerkenswert wie in anderen katholischen Orten der Gegend auch der Figurenschmuck an manchen Häusern und die Bildstöcke im Dorf sowie auf der Markung.

Abb. 62 Bildstock vor der Bernhardskapelle in Ailringen.

Rißbachtal In Ailringen verlockt uns das Rißbachtal zu einem Abstecher. Als schmaler, stiller Wiesengrund unterbricht es mit seinen Seitentälern ein waldreiches Gebiet. Nur im untersten Talabschnitt sind die sonst durchweg bewaldeten Hänge offener. „In tiefer Waldeinsamkeit versteckt, liegt auf einer Anhöhe, die nur von Osten her zugänglich ist, umschlossen von zwei Bächlein,

Abb. 63 Linden am Talhang bei Ailringen.

die sogenannte Burg." „Ein großer Raum ist durch einen sehr tiefen und breiten Graben vom übrigen Berg abgetrennt." So schildert die Oberamtsbeschreibung Künzelsau (S. 323 und 249) die Burgstelle Gruningen über dem Rißbachtal („Kuhwedel"), etwa zwei Kilometer nordöstlich von Ailringen. Der Graben wirkt allerdings heute nicht mehr allzu eindrucksvoll, eher etwas „zerflossen". Etwa dreiviertel Kilometer weiter östlich fand ich (1974) ein Dutzend Pflanzen der im Kocher-Jagstgebiet sehr seltenen Mandelwolfsmilch, unten im Tal den ebenfalls sehr bemerkenswerten Platanenblättrigen Hahnenfuß. Es herrscht Laubwald und zwar, wie im ganzen Raum noch sehr häufig, ein „durchgewachsener" Mittelwald mit Eichen, Hainbuchen, Feldahornen, Buchen u. a. in den beiden nicht mehr scharf getrennten Stockwerken – abwechslungsreiche, mannigfaltige, artenreiche, sehr ansprechende Wälder, die dem Forst*wirtschaftler* freilich weniger gefallen mögen, wenigstens solange das Erdöl noch fließt und Brennholz kaum gefragt ist.

Auf der Hochfläche zwischen dem Hollenbachtal (Oberer Teil des Rißbachtales) und dem Meisenbachtal, dem Wasenberg, steht ein schöner Eichenhain. Wo das Hollenbachtal in eine flache Mulde ausläuft, liegt das stattliche, in der Oberamtsbeschreibung als „besonders wohlhabend" gepriesene, früher von

Hollenbach einem Graben mit zwei Tortürmen umgebene Dorf Hollenbach mit seiner sehr sehenswerten Kirche[1]).

Am sonnseitigen Hang zwischen Ailringen und Hohebach, etwa auf der Höhe des wohlerhaltenen, 1852 angelegten israelitischen Friedhofes[2]), zeigen sich auf unserer Jagsttalwanderung die *Weinberge* ersten Weinberge, wenn man von der liebenswürdigen Kuriosität eines vor wenigen Jahren neu angelegten, kleinen Weinberges am Talhang bei Großforst absieht. Noch vor etwa anderthalb

Abb. 64 Der israelitische Friedhof bei Hohebach.

1) Auf die kleine „wohl noch im 13. Jahrhundert errichtete“ (Himmelheber, S. 157) Chorturmkirche gehen die Untergeschosse des Turms zurück. Das Schiff erhielt um die Mitte des 14. Jahrhunderts seine heutigen Ausmaße. Nördlich am Turm wurde vermutlich um 1400 der für eine Dorfkirche ungewöhnlich große, eindrucksvolle Chor angebaut. Sehr bemerkenswert sind die 1959 freigelegten Wandmalereien in der Turmkapelle (dem ehemaligen Chor, ausgehendes 13. Jahrhundert), an der nördlichen Langhauswand (um 1340/50, Fragment) und im Chor (um 1400 und anfangs des 16. Jahrhunderts). Zwei mächtige Holzsäulen beherrschen das Schiff. Einbau der 1959/60 teilweise entfernten Empore um 1700. Innenausstattung von 1700 und aus der Mitte des 18. Jahrhunderts. Der Turm wurde 1739 erhöht. Eigentümlich der hohe Fachwerkaufbau über dem Chor mit vollem Geschoß und zwei Geschossen im Giebel. – Bei der Kirche eine mächtige, vielfach abgestützte Linde, Gefallenendenkmal, sicher eines der eigenartigsten und ansprechendsten weit und breit.

2) 1637, als der hohenlohische Besitz dem Deutschorden übergeben war (Rückgabe 1649), wurden in Hohebach Israeliten aufgenommen. Es bildete sich eine stattliche Gemeinde. 1818 Bau einer Synagoge. Nach der Oberamtsbeschreibung von 1883 waren damals von 831 Einwohnern 120 Israeliten.

Jahrzehnten hatte der Weinbau weiter talauf gereicht. Damals besaß Mulfingen etwas abseits vom Haupttal im untersten Teil des Roggelshausener Tales eine Rebfläche bescheidenen Umfanges. Heute zeugen davon noch verwilderte Rebstöcke in einer Fichtenpflanzung: ein betrüblicher Anblick! Nach meiner Erinnerung gab es vor wenigen Jahren zwischen Ailringen und Hohebach und auch weiter hinab bis Dörzbach mehr Weinberge als zur Gegenwart. Mehrere der heute noch vorhandenen erscheinen wenig gepflegt. Die rückläufige Tendenz dauert also offensichtlich an. Erst etwas unterhalb von Dörzbach, am Altenberg hart am Rande unseres Gebietes, gedeiht in „umgelegtem", modern-nüchternem Weinberg der „Jagsttäler" in beträchtlicher Menge.

Mit dem Kochertal[1]) – vom Taubertal ganz zu schweigen – kann es das Jagsttal als „Weintal" nicht aufnehmen,[2]) und zumindest mit dem Taubertal konnte es dies auch in früheren Jahrhunderten nicht, als der Weinbau sein Landschaftsbild in starkem Maße prägte, fortwirkend bis heute, denn sicher spielte er für die

1) Nach Dornfeld (1870) sind im Jagsttal Fröste häufiger und härter als im Kochertal. Die Oberamtsbeschreibung Künzelsau hebt den milderen Charakter des Kochertals hervor. „Wenn im Jagstthal der Schlitten noch geht, ist im Kocherthal kaum noch eine Spur von Schnee" (S. 56). Im ganzen läßt sich ein solcher Unterschied in gewissem Ausmaß auch aus dem Klimaatlas von Baden-Württemberg ersehen. Zu bestimmten Zeiten, z. B. bei Temperaturen um den Gefrierpunkt, kann der Besucher sogar unmittelbar einen Eindruck dieses Unterschieds erhalten. Thost (1930) rechnet das Kochertal aufwärts bis Gaildorf, das Jagsttal nur bis etwa Langenburg zum „Temperaturbezirk II", den übrigen Teil zum kühleren Bezirk III. Die Talsohle des Kochers liegt in Hall auf etwa 274 m, in Kocherstetten auf 224 m, in Künzelsau auf 212 m; beim parallel laufenden Schwesterfluß in den vergleichbaren Orten Crailsheim auf rund 400 m, Unterregenbach auf 282 m und Dörzbach auf 236 m.

2) Schröder (1953) teilt das Gebiet des historischen Weinbaues (bezogen auf den Beginn des 17. Jahrhunderts) in Württemberg in drei „Intensitätszonen" ein. Nur den Raum Ailringen-Dörzbach (und die anschließende badische Talstrecke) schlägt er zur ersten, d. h. zur Zone des intensivsten („wirtschaftsbeherrschenden") Weinbaues. Am mittleren Kocher gehört ihr ein deutlich größerer Bereich an. Zur ersten Intensitätszone rechnet er außerdem u. a. den Taubergrund, das Neckarbecken, große Teile des Keuperstufenrandbereiches (einschließlich der Gegend um Tübingen) und Teile des mittleren Albvorlandes. Zur Intensitätszone 2 (mittelstarker Weinbau, keine zentrale Stellung, aber eine der Existenzgrundlagen des Ortes) zählt er (soweit auf der kleinmaßstäbigen Karte ablesbar) das Jagsttal bis ungefähr Bächlingen hinauf. Sie reicht im Kochertal (mit einer Lücke) bis in den Raum Gaildorf, also vergleichsweise viel weiter flußaufwärts als an der Jagst. Schröders Karten Nr. 3 und 4 zufolge hatte der Weinbau das mittlere Jagsttal um 1300 im Gegensatz zum mittleren Kochertal noch nicht erreicht. Bereits 1357 ist jedoch sogar bei Kirchberg Weinbau bezeugt.

Bildung der so überaus charakteristischen, mächtigen Steinriegel[1]) eine, bzw. *die* ausschlaggebende Rolle.

Einstiger Weinbau

Hundert Jahre zuvor hätte sich der Wanderer noch bei mancher Einkehr den „Jagsttäler“ munden lassen können, auch wenn Dornfeld in der „Topographie des württembergischen Weinlandes“ (1870) seiner Qualität nicht eben die allerbesten Noten ausstellt. Nach der Oberamtsbeschreibung Gerabronn (1847) waren im Jagsttal im Bereich des Oberamtes um diese Zeit rund 52 Morgen von Reben bedeckt. Größere Bedeutung besaß der Weinbau aber nur um Bächlingen-Langenburg (Bächlingen mit Hürden knapp 25, Langenburg knapp 23 Morgen), wozu kleine Flächen bei Großforst (knapp drei Morgen) und bei Kirchberg[2]) (eineinhalb Morgen) kamen. Hürden und Bächlingen besaßen Keltern. Auf den weit verbreiteten alten Stichen von Langenburg krönt das Schloß einen rebenbedeckten Hang. Damit man sich indessen keinen übertriebenen Vorstellungen hingibt: Die beiden anderen Weinorte des ehemaligen Oberamtes Gerabronn, Ober- und Niederstetten im Vorbachtal, besaßen 167 bzw. 393 Morgen Rebfläche.

Interessant ist ein Blick auf die in den Jahren um 1830 entstandenen Urkarten der Landesvermessung. Die beiden kleinen Kirchberger Weinberge lagen nördlich der Stadt, gegen Weckelweiler zu. An den sonnseitigen Hängen unterhalb von Großforst,

1) Sicher hat die intensive Kulturart des Weinbaus das mühsame Zusammenlesen und Aufhäufen der an den steilen, flachgründigen Hängen immer wieder herauswitternden Steine in ganz besonderem Maße begünstigt. So finden sich denn auch die meisten und größten Steinriegel des Jagsttales im Bereich des ehemals am stärksten verbreiteten und längsten währenden Weinbaues. Die Steinriegel der Muschelkalktäler, wie oft pauschal der Fall, *ausschließlich* in Zusammenhang mit dem Weinbau zu sehen, erscheint mir indessen nicht gerechtfertigt. Auch anderen Formen der Bodennutzung sind die – immerhin die Abtragung bremsenden – Steine hinderlich, z. B. dem Mähen als Wiese. Viele, auch karge Flächen zwischen Steinriegeln dienten bis in unsere Zeit und dienen zum Teil noch heute als Wiesen oder Äcker. Auch in Gradmanns „Süddeutschland“, Wagners „Erd- und Landschaftsgeschichte“ und bei Schröder (1953) wird eine *ausschließliche* Bindung der Steinriegel in den Muschelkalktälern an den Weinbau nicht ausgesagt. Vgl. die zwar wesentlich selteneren, aber durchaus nicht fehlenden Steinriegel an ausgesprochenen Schattenhängen des Jagsttales und die (meist niedereren) Lesesteinhaufen und -wälle außerhalb der ehemaligen Weinbaugebiete auf ebenen bzw. schwach geneigten Flächen im Hohenloher Land, im Heckengäu und in ähnlichen Muschelkalklandschaften sowie auf der Alb. – Merkwürdig selten – weithin völlig fehlend bzw. nur auf die Bergseite von Wegen beschränkt – sind die in anderen württembergischen Weinbaugebieten so typischen, auch an flacher geneigten Hängen als im Jagsttal auftretenden Mauern. Schon Dornfeld (1870) hebt dies hervor und auch E. Gradmann (1926) weist auf diesen wohl nicht ohne weiteres zu erklärenden Unterschied hin.

2) Zu dem alles in allem wenig erfolgreichen Kirchberger Weinbau vgl. Volz (1852) und Schumm (1950). Noch nach dem ersten Weltkrieg war am Hang von Hornberg der Anbau von Wein versucht worden.

nördlich von Hürden, zwischen Hürden und Bächlingen, an der Steige von Bächlingen nach Langenburg und gegenüber von Oberregenbach finden sich einzelne, kleinere Rebflächen, der Hang unterhalb von Altstadt und Schloß Langenburg ist jedoch ein einziger großer Weinberg. Nach dem 1907 erschienenen „Königreich Württemberg“ war der Weinbau in den Jagsttalorten des Oberamtes Gerabronn um diese Zeit bereits erloschen.[1])

Weiter unterhalb, im ehemaligen Oberamt Künzelsau, trugen beträchtliche Teile unseres Tales zur Zeit der Landesvermessung den Charakter einer Weinbaulandschaft. Dem Betrachter der wertvollen alten Karten entsteht sie aufs neue. Um Eberbach-Buchenbach, um Mulfingen, um Ailringen bis hinab zur ehemaligen Landesgrenze unterhalb Dörzbachs – überall schmückten Weinberge die sonnseitigen (rechten) Hänge des Jagsttales. Manche Partien der Seitentäler standen ihm kaum nach. So reichte der Weinbau bei Eberbach vom Haupttal ins Rötelbachtal bis etwa zur Steige nach Simprechtshausen hinein. In ähnlichem Umfang griff er ins Märzenbachtal und ins Roggelshausener Tal bei Mulfingen sowie in das Tal des Kiesgrabens bei Dörzbach über. Ausgedehnten Weinbau besaßen auch das Speltbachtal bei Berndshofen und vor allem das Ettetal (mit Pippibachtal) bei Zaisenhausen,[2]) bescheideneren Ausmaßes das Hetzlesbachtal bei Heimhausen und das Lausenbachtal, die Rautenklinge bei Jagstberg und die Reitersklinge bei Ailringen. In der zweiten Hälfte des vorigen Jahrhunderts (Oberamtsbeschreibung von 1883) betrieben noch alle Jagsttalorte, Ettenhausen und Zaisenhausen im Ettetal sowie das am oberen Ende des Märzenbachtales gelegene Simprechtshausen[3]) Weinbau, wenn auch die Oberamtsbeschreibung wiederholt auf seinen Rückgang und bei den meisten Orten auf seine geringe Bedeutung hinweist. Immerhin besaß Dörzbach damals 200 Morgen Wein-

1) Die Angaben von Volz (1852) und Dornfeld (1868) über das Ende des Weinbaus in Jagsttalorten des Oberamtes Gerabronn widersprechen sich zum Teil. So soll nach Volz der Weinbau in Langenburg um die Jahrhundertmitte bereits aufgehört haben. Dornfeld dagegen bezeichnet ihn anderthalb Jahrzehnte später als noch bestehend. Nach der beträchtlichen Ausdehnung, die der Langenburger Weinbau zur Zeit der Abfassung der Oberamtsbeschreibung besaß, erscheint die Angabe von Volz wenig glaubhaft. Alten, um die Zeit der Landaufnahme schon abgegangenen Weinbau führen Volz und Dornfeld von den Jagsttalorten Eichenau, Diembot und Elpershofen an. – Zum Rückgang des Weinbaues im Hohenloher Raum vgl. auch Hahn (1956, S. 43/45).

2) In geringem Umfang auch bei Ettenhausen.

3) Nach Wunderlich 1900 aufgegeben. Die Güte wird gerühmt: „Im Lausa hinda und im Dool, 'n Wei hat's gewa wie z'Dirool...“. In Simprechtshausen stand eine Kelter.

berge. In der Tabelle im Anhang der Oberamtsbeschreibung nach einer Vermessung von 1852 wird Dörzbach mit 300 Morgen im ganzen Oberamt Künzelsau nur von Niedernhall (323 Morgen) übertroffen.[1]) Nach dem „Königreich Württemberg" (1907) zu schließen, reichte – Jagstberg ausgenommen – der Weinbau auf allen in der Fußnote genannten Markungen (auch Hollenbach?) noch bis in unser Jahrhundert bzw. zumindest bis in die Zeit um die Jahrhundertwende.[2]) Nach einer Angabe in Robert Gradmanns 1931 erschienenem „Süddeutschland" fand damals der auf einzelne Stellen beschränkte Weinbau an der Jagst talaufwärts bei Eberbach sein Ende.

Die wenigen Weinberge zwischen Ailringen und Hohebach, die ersten, denen wir auf unserer Wanderung begegnen, haben uns zu diesem Rückblick auf weinfrohere Zeiten geführt, die durch ihre riesigen „Steinrasseln" noch heute das Tal so eindrucksvoll prägen.[3]) Doch nun weiter mit dem rastlosen Fluß! Als typi-

Hohebach

sches, geschlossenes Haufendorf stellt sich Hohebach dar, südlich des Flusses zwischen zwei einmündenden Seitenbächen, dem Forellenbach und dem Hohebach, gelegen. Ganz ungestört ist sein Bild in der Landschaft. Daß die Kirche, abgesehen vom Turm[4]), 1859/60 neu gebaut wurde, wird man gewiß bedauern und ihr verhältnismäßig flaches Dach paßt sicher wenig zu den steilgiebeligen Bauernhäusern und Scheuern. Aber im Gesamtbild des Dorfes tritt dies nicht hervor, und so will mir die Hohebacher Kirche noch immer ungleich passender erscheinen als die vielen gewollt-modernen Kirchen unserer Zeit, die so völlig fremd gewachsenen Dorfbildern gegenüberstehen.

1) 1852 besaß Eberbach 21, Buchenbach 62, Jagstberg 4, Mulfingen 147, Ailringen 96, Hohebach 66, Simprechtshausen 10, Ettenhausen 11, Zaisenhausen 81 und das am oberen Ende des Hollenbach-Rißbachtales gelegene Hollenbach 1 Morgen Weinberge. Nach Dornfeld (1870) war der Ertrag mittelmäßig bzw. z. T. noch geringer, die Pflege wenig intensiv. Nirgends im Jagsttal werde der Weinbau „als Haupt- sondern mehr nur als Nebenbeschäftigung betrieben."

2) Herold (1907, S. 293) schreibt: „Im Jagsttal ist Buchenbach noch ein bedeutender Weinort."

3) Für die Bewohner der im Vergleich zur Hochfläche landwirtschaftlich weniger günstigen Täler Hohenlohes war der Weinbau eine wichtige, wenn auch von der Witterung abhängige und daher stets unsichere Erwerbsquelle. Die in der Literatur häufig herausgestellten siedlungsgeographisch-soziologischen Unterschiede zwischen den stattlichen, behäbigen (Acker-) Bauerndörfern mit ihren durchschnittlich größeren Höfen auf der Hochfläche und den enger gedrängten, daher z. T. fast kleinstädtisch anmutenden, kleinlandwirtschaftlich-weinbaulich bestimmten Siedlungen der Täler schimmern auch heute noch durch alle Veränderungen der neuen und neuesten Zeit.

4) Sockelgeschoß noch auf den romanischen Bau zurückgehend, obere Geschosse 1594, Pyramidendach.

Glücklicherweise ist unser Tal bislang von derlei Auswüchsen verschont geblieben. Über die Jagst führt eine vierbogige Steinbrücke mit einer Säule zu Ehren König Friedrichs I. von Württemberg, 1808/10, kurz nach dem Übergang Hohebachs an Württemberg erbaut. Karl Julius Weber (und ähnlich auch Roeder) preist sie als „schönste Brücke Württembergs" und Ottmar Schönhuth nennt sie „die schönste Brücke im ganzen Jagstgrund" (1858, S. 458)[1]) [2]).

Rudolf Schlauch berichtet von einer Sage, nach der das Baumaterial zur Kapelle St. Wendel am Stein[3]), die zunächst an einer anderen Stelle hätte errichtet werden sollen, mit magischer Kraft immer wieder an jenen wundervoll idyllischen Platz an der Jagst zurückgekehrt sei, wo zwischen Hohebach und Dörzbach am linken Ufer ein ungewöhnlich mächtiger Tuffelsen[4]) fast unmittelbar dem Fluß entsteigt. Als religiöse Weihestätte schon in vor- und frühchristlicher Zeit sieht ihn W. Cloos in einem Gedicht. Die „Steinkapelle", einst von Wallfahrern vielbesucht, wird 1478 zum ersten Mal genannt, „dürfte jedoch wesentlich älter sein".[5]) Der jetzige, spätgotische Bau entstand im wesentlichen 1511 - 1515, wobei ältere Teile einbezogen wurden. „Der herrliche Wald im Rücken, die senkrecht aufsteigenden Tuffsteinfelsen, die mächtigen Bäume, welche die Kapelle beschatten, der Blick in die jähe Tiefe und das Rauschen der Jagst zu den Füßen ..."[6]) Herrlich ist der Wald am schattig feuchten, quellenreichen Tuffhang noch heute in seinem urwüchsigen Charak- *St. Wendel*

1) In unserer Zeit nicht zu ihrem Vorteil verändert.

2) Von den bei Hohebach mündenden beiden Seitentälern trägt das kleine Hohebachtal verhältnismäßig offenen Charakter, das größere Forellenbachtal, das die Bundesstraße Ulm – Würzburg in der unteren Hälfte benützt, ist im mittleren und oberen Abschnitt großenteils bewaldet.

3) 1962 a, S. 123. Sie soll von einem Schäfer gestiftet worden sein, der einen Schatz gefunden hatte. St. Wendelin ist der Schutzpatron der Schäfer. Vgl. zu den Sagen von der Gründung der Kapelle auch Schönhuth (1845).

4) Höhe nach den in der Oberamtsbeschreibung Künzelsau mitgeteilten Bestimmungen 22,5 m. Länge der Felswand parallel der Jagst nach Messungen Illichs (1975, S. 8) „ohne die nördlich und südlich anschließenden Seitenwände 78 m."

5) Himmelheber, S. 126. Rechts über der Spitzbogenpforte an der südlichen Seite ein „kleines, wohl noch romanisches Rundbogenfenster" (ebendort, S. 127). Schöne gotische Maßwerkfenster. Die Kapelle ist dem Felsen unmittelbar angebaut, der an die Stelle der westlichen Mauer tritt. Kleiner, leider stark beschädigter Altar von 1630. Um seine Entstehung rankt sich eine Erzählung Schönhuths in „Württemberg wie es war und ist."

6) Oberamtsbeschreibung Künzelsau (1883, S. 505).

Abb. 65 St. Wendel zum Stein.

Pflanzenkleid

ter,[1]) im Jagsttal nur noch mit dem Wald am Baierlesstein zu vergleichen, den er an Ausdehnung übertrifft. Eschen, Berg- und Spitzahorne, prächtige Bergulmen, (seltener) Sommerlinden sowie im untersten Bereich und am Ufer Schwarzerlen, ferner Schwarzer Holunder, Heckenkirsche, vereinzelter auch Weißdorn und Pfaffenhütchen bilden einen ganz unberührt anmutenden Bewuchs. Die Buche tritt, wie üblich an derlei Standorten, zurück (etwas häufiger im oberen Teil des Steilhanges). Mit der in Massen auftretenden Goldnessel, dem frischgrü-

1) Um einen „Urwald" im strengen Sinn handelt es sich jedoch selbst hier nicht. Das ergibt sich für einen Teil des Gebietes schon aus der Tatsache, daß früher bei St. Wendel in recht beträchtlichem Umfang Kalktuff gebrochen wurde (s. u.), der Wald sich also dort erst später wieder eingestellt haben kann. Die Wuchsform vieler Bäume (Stockausschläge) läßt auf frühere Nutzung sogar an Stellen schließen, die uns heute kaum zugänglich erscheinen. – Auf Betreiben des Verfassers ist St. Wendel seit 1979 Naturschutzgebiet.

Abb. 66 Pyrenäenlöffelkraut.

nen, zur Sommerszeit im Schmuck seiner roten Früchte leuchtenden Aronstab, dem Geißfuß, der Haselwurz und der Einbeere, mit Weißer und Gelber Anemone, Goldhahnenfuß, Echter Schlüsselblume, Fuchskreuzkraut, Ruprechtskraut, Schöllkraut, Stinkender Nieswurz (die drei letzteren vor allem im felsigen Bereich, dort in geringer Zahl auch Behaarte Gänsekresse und Mauerlattich), Maiblume und Vielblütigem Salomonssiegel (beide wenig zahlreich an trockeneren Stellen), mit Waldzwenke, Hundsquecke und (selten) Waldsegge seien einige auffallende Bodenpflanzen erwähnt. Ausgesprochen feuchte Stellen besiedeln u. a. Wasserdost, Springkraut, Sumpfdotterblume, Behaarter Kälberkropf, Krause Distel und Bitteres Schaumkraut. Sehr charakteristisch und häufig ist das „Fuchsschwanzmoos" (Thamnium alopecurum). Am trockenen Felsen wachsen Blasenfarn, Mauerraute und Braunstieliger Milzfarn, alle im Jagsttal an Felsen und Mauern zwar vielerorts zu beobachten, aber im ganzen gesehen doch verhältnismäßig spärlich auftretend. Ein Pflanzensoziologe könnte sicher eine ganze Kombination verschiedener Gesellschaften des Kleb- und Schluchtwaldes, der Quellen und Felsen sowie auch ruderal beeinflußter Flächen feststellen. Solche finden sich bei der Kapelle mit Brennesseln, Klebrigem Labkraut, Schöllkraut, Knoblauchhederich, Gefleckter Taubnessel, Ruprechtskraut u. a.

Die drei kostbarsten Arten aber habe ich noch nicht genannt: Hirschzunge, Pyrenäenlöffelkraut und Blaugras. Die Hirschzunge wächst talabwärts vom Hauptfelsen an einigen nah benachbarten Plätzen zu Hunderten, in geringerer Zahl auch an einer Stelle weiter talauf. Es ist der reichste Standort dieses geschützten Farnes in Hohenlohe, den ich kenne. Auf die beiden anderen Arten machte mich freundlicherweise Herr Dr. S. Seybold vom Staatlichen Museum für Naturkunde Stuttgart aufmerksam. In den Quellfluren findet sich das Löffelkraut, „das außer an einem benachbarten Ort[1]) erst wieder in Oberschwaben vorkommt und möglicherweise ein Eiszeitrelikt darstellt", am Felsen bei der Kapelle das Blaugras, „das hier einen der wenigen Vorposten von der Schwäbischen Alb her hat"[2]).

Kalktuff Unmittelbar vor unseren Augen vollzieht sich die Tuffbildung

1) Bei Winzenhofen. Dr. Seybold hat mittlerweile im Jagsttal (bei Marlach) noch einen dritten Standort des Pyrenäenlöffelkrautes gefunden.

2) Briefl. Mitteilungen von Herrn Dr. S. Seybold.

an vielen Stellen weiter. Die Quellaustritte ändern offensichtlich ihre Lage in vergleichsweise kurzer Zeit. So wechseln trockene Flächen aus „fossilem Tuff“ (zu denen der Hauptfels gehört) mit nassen, an denen zur Gegenwart sich Kalk ausscheidet. Der ganze untere Hangbereich erhält dadurch – auch abgesehen vom großen Felsen – ein „unregelmäßiges“, unruhiges Profil. Tuffablagerungen, einschließlich der unbedeutenden, finden sich auf insgesamt rund einem Kilometer entlang des Hanges.

Der unbefangene Besucher ahnt sicher nicht, daß die Felsen sich einst weiter ausgedehnt haben.[1]) Allzu beliebt ist der Kalktuff als Baustein gewesen. Da Schichtung und Klüfte fehlen, lassen sich ohne Schwierigkeiten große Blöcke des gut bearbeitbaren, leichten, verhältnismäßig widerstandsfähigen Gesteins gewinnen. Die Sockel zahlreicher älterer Gebäude im Jagsttal zeugen noch heute vom einst betriebenen Abbau des Tuffes.[2]) Leider fiel ihm bei St. Wendel eine Tropfsteinhöhle – außerhalb der Alb in Südwestdeutschland eine große Seltenheit – zum Opfer.[3]) Heute finden sich neben einer 13 m langen Höhle noch mehrere Grotten und kleinere Nischen.[4]) Zeitweilig soll dort ein Klausner gewohnt haben. Auch mit einer Vagabundin, dem „Pritschenbabele“ oder „Peitschenbabele“ (in den beiden ältesten hier zitierten Schriften „Pritschenbebele“), werden sie in Zusammenhang gebracht.

1) Vgl. die unten angeführten Schriften aus dem 18. und 19. Jahrhundert. Es befanden sich hier ursprünglich außer der Felswand bei der Kapelle noch weitere Kalktuffklötze.

2) Beliebt als Baustein für Ställe. Recht häufig bei Gebäuden aus der zweiten Hälfte des 19. Jahrhunderts und aus der Zeit um die Jahrhundertwende zu sehen. Die Verwendung von Kalktuff als Baustein reicht im Jagsttal aber mindestens bis zur Stauferzeit zurück. Siehe den mächtigen Turm der Krautheimer Burg! Vgl. Simon, 1975. – Kalktuffablagerungen geringeren Ausmaßes gibt es an vielen Stellen des Jagsttales. Einige wichtigere nennt die Oberamtsbeschreibung Künzelsau auf Seite 19. Sie berichtet vom Abbau auf Markung Mulfingen. Nach einer Angabe in der Oberamtsbeschreibung Gerabronn (1907) zu schließen, wurden anscheinend auch bei Unterregenbach Tuffe als Bausteine gebrochen, nach der Oberamtsbeschreibung Crailsheim bei Neidenfels.

3) Vgl. Rosenmüller und Tillesius, 1805, Bauer, 1837, Schönhuth, 1845 und 1853, Oberamtsbeschreibung, 1883, Simon, 1975.

4) Vgl. Illich (1975). In einer nur durch schwierige Kletterei zugänglichen kleinen Höhlung von 1,8 m^2 Grundfläche und über 3 m Höhe finden sich schöne Stalaktiten. In zwei weiteren Höhlen Reste abgeschlagener Stalaktiten. Der „Marderhöhle“ verdankt St. Wendel hohen Ruf bei den Archäologen. Sie ist ein bedeutender Fundplatz der La-Tène-Zeit (u. a. Schmuckgegenstände aus Bronze, Bernstein, Koralle, Glas, Muscheln und Gagat; eiserne Messer, zahlreiche Bruchstücke tönerner Gefäße, viele tönerne Spinnwirtel, eine keltische Münze aus der Mitte des ersten Jahrhunderts v. Chr.; Reste von mindestens zwanzig menschlichen Skeletten, möglicherweise hier an sekundärer Stätte). Vgl. Kost, 1936, Paret, 1938, Zürn, 1965, Fischer, 1973.

Der Hauptfelsen endet oben mit einer ebenen Terrasse[1]). Dort stehen schöne Linden[2]) und Eichen, ein stimmungsvoller, hainartiger Festplatz.

Kapelle und Felsen, Quellen und Pflanzenkleid, das helle, kecke Geschmetter des Zaunkönigs, der rauschende Fluß – eine Idylle, die in unserer Zeit fast unwirklich erscheint, ganz ohne Tribut an sie freilich nicht bleibt: Zwischen Hohebach und Dörzbach verläuft die Bundesstraße Ulm–Würzburg im Jagsttal und so schwillt der Verkehrslärm auf dieser Talstrecke beträchtlich an, glücklicherweise jedoch ohne Ausmaße wie in dichter besiedelten Landesteilen zu erreichen.

Tektonische Verhältnisse, Talformen

Unmittelbar an den Bereich der Tuffablagerungen anschließend, tritt am felsigen Prallhang der Untere Muschelkalk zutage. Dem Wanderer wird es kaum aufgefallen sein, daß dieser etwa ab der Ettemündung unter die Talsohle getaucht und – von zwei noch zu nennenden Ausnahmen abgesehen – erst etwa halbwegs Hohebach/St. Wendelskapelle wieder erschienen ist. Denn allzu markant spiegelt sich sein Verschwinden im Bild des Tales durchaus nicht wider, weder in seiner Breite noch in den Formen der Hänge. So zeigt sich merkwürdigerweise auf der rechten Talseite zwischen Mulfingen und Ailringen am Kallenberg (zwischen Lehrsklinge und Hansenklinge) eine sehr deutliche

1) Vor ein paar Jahren am Rand mit einem leider überdimensionalen, an das Ballfanggitter eines Sportplatzes erinnernden Schutzzaun versehen. Dem Verf. will auch der jüngst erfolgte Ausbau des Fußweges von der Terrasse zur Kapelle (mit Eisengeländer und Betonstufen) gar zu perfekt erscheinen. – Bedauerlich, daß ausgerechnet hier der Fluß zu hydrologischen Meßzwecken ein Stück weit reguliert wurde!

2) Zu Ehren des Schriftstellers und Dichters Ottmar Fr. Heinr. Schönhuth benannt. Schönhuth war 1837 - 1842 Pfarrer in Dörzbach. Mehrere seiner Schriften beschäftigen sich mit dem Hohenloher Raum, ausführlich u. a. auch mit St. Wendel (vgl. das Literaturverzeichnis). – Schon vor Schönhuth haben die in unserer Gegend ungewöhnlichen Felsbildungen Aufsehen erregt und literarischen Niederschlag gefunden. So lesen wir im „Fränkischen Archiv“, 1790, S. 204: „Nahe bei Hohebach ... zieht sich eine Felsenwand, längst dem Ufer der Jagst hin, die zu den schönsten und sonderbarsten in Teutschland gehört, die in jedem gefühlvollen Herzen Bewunderung und Staunen erwecken muß, mit mehr oder weniger Schauer verbunden, weil sie in die Klasse des fürchterlich erhabenen gehört; und die werth ist nicht nur allein vom Landschaftsmaler studiert, sondern auch von jedem gesehen zu werden, dem es darum zu thun ist, die Natur in ihrer feierlichsten Größe zu belauschen.“ „Fürchterlich schön“ ist nach Rosenmüller und Tillesius (1805) der Blick vom „Pritschen-Bebelesloch“ zur Jagst. „Die Gegend ... ist ganz romantisch, eigentlich fürchterlich schön, mit Felsen besetzt, welche allerhand Gestalten bilden. Das enge Thal, der Fluß, die überhängenden, zum Theil schon herabgestürzten Felsen, und die noch herabzustürzen drohen, machen einen seltsamen Eindruk.“ So berichtet Roeders „Geographie und Statistik Wirtembergs“ (1821, S. 291). Mag man heute vielleicht schmunzeln ob dieser Beschwörung des Furchtbaren im freundlichen Jagsttal, so darf man nicht vergessen, daß die Felsbildungen früher ausgedehnter waren, Felsen im ganzen Raum selten sind und die Alb oder gar das Hochgebirge sich nicht wie heute in wenigen Stunden bequem erreichen ließ.

Abb. 67 Kleb im Unteren Muschelkalk (flußabwärts von St. Wendel).

Dreiteilung des Hangprofils mit ausgeprägtem Steilhang im unteren Bereich, nicht anders als weiter oberhalb und unterhalb im Tal mit anstehendem Unteren Muschelkalk. Ähnlich, wenn auch nicht so eindrucksvoll, verhält es sich auf der linken Talseite schräg gegenüber. Gar so einfach und schematisch nach der geologischen Karte lassen sich also die Hangformen nicht deuten. Das Verschwinden des Unteren Muschelkalkes erklärt sich aus den tektonischen Verhältnissen. Wir befinden uns dort in einer tektonisch verhältnismäßig tief gelegenen Zone, der „Hollenbacher Mulde", die das ausgedehnte tektonische Hochgebiet des Fränkischen Schildes in zwei „Teilschilde", den Schrozberger und den Assamstädter Schild, trennt. Sie quert das aus dem Bereich des Schrozberger Schildes kommende, weiter unterhalb in den Assamstädter Schild eintretende Jagsttal etwa zwischen Mulfingen und Ailringen[1]), ist aber offensichtlich komplizierter, in sich gegliederter, als dies in der (kleinmaßstäbigen) „Geotektonischen Übersichtskarte der Südwestdeutschen Großscholle"[2]) zum Ausdruck kommt. Denn oberhalb der Talstraße zwischen den Ausmündungen von Imenklinge und Rei-

1) Das in Ailringen mündende Rißbachtal erreicht nach der „Geognostischen Karte" den Unteren Muschelkalk nicht.

2) Carlé, (1950).

tersklinge (talaufwärts von Ailringen) tritt im oberen Teil des mit verwilderten Obst- und Walnußbäumen, Eichen, Hainbuchen, Hasel- und anderen Laubbüschen bewachsenen, etwa 20 m hohen Steilhanges graues, dünnplattiges, „scherbiges" Gestein zu Tage. Meine von Herrn Dr. W. Schall bei einem gemeinsamen Besuch bekräftigte Vermutung, daß es sich hier um den oberen Bereich des Unteren Muschelkalkes handelt, hat Herr Dipl. Geol. Dr. Th. Simon bestätigt. Schön sind die Orbicularisschichten[1]) zu sehen, ihr Auftreten weist auf eine – wie auch immer im einzelnen geartete – tektonisch höhere Zone innerhalb der Hollenbacher Mulde.[2])

Doch folgen wir nach diesem kleinen Rückblick wieder unserem Fluß das Tal hinab. Deutlich tritt bei Dörzbach allenthalben die „klassische" Dreigliederung des Hangprofils hervor, in trockenen Spätsommern noch verstärkt durch vorzeitig erscheinende Herbstfarben der Sträucher und früh vergilbende Bodenflora an den steilen Partien der Sonnenseite. Meistens bildet die harte Schaumkalkbank den Hangknick des Unteren Muschelkalkes, z. T. knüpft er auch an Kalkbänke der darüber anstehenden Orbicularisschichten.[3]) In kleinen Schnellen überwindet der rauschende Fluß Kalkplatten der Orbicularisschichten am „Knie" unterhalb Hohebachs, dort wo der Steilhang von St. Wendel beginnt.

Dörzbach Behäbig lagert sich Dörzbach im Tal, das sich hier weitet zu einer breiten Aue, zur Rechten von Weinbergen, zur Linken von waldbedecktem Hang gesäumt.[4]) An der Hauptstraße im Jagsttal, auf die rechtwinklig eine weitere entlang des Goldbachs

1) Auch „Orbicularismergel" oder „Orbicularisplatten" (mu_3), benannt nach der „Münzenmuschel" Myophoria orbicularis (Tonmergel, Mergel und mergelige Kalke; harte Kalkbänke können sich einschalten).

2) Als schmales Band erscheint auf knapp 500 m der Untere Muschelkalk nach der „Geognostischen Karte" auch auf der linken Talseite, etwa gegenüber von Ailringen (entlang des Mühlenkanals). – Ob an dem morphologisch so klar an das Vorhandensein aller drei Großglieder des Muschelkalks gemahnenden Kallenberg (s. o.) nicht im Gegensatz zur Aussage der „Geognostischen Karte" (Blatt Mergentheim) ebenfalls der Untere Muschelkalk auftritt? Hangschutt erschwert die Prüfung im Gelände. Sicherlich ist in diesem Raum für tektonische und stratigraphische Einzeluntersuchungen noch manche Frage offen!

3) Nach Simon (1975 u. 1977). Der Hangknick liegt nach frdl. Auskunft von Herrn Dr. Th. Simon „maximal zwei bis drei Meter unterhalb der Obergrenze des Unteren Muschelkalks", fällt dann also nahezu mit der Grenze zwischen Unterem und Mittlerem Muschelkalk zusammen.

4) Nach Mitteilung von Herrn Dr. Simon steht die Talweitung möglicherweise in Zusammenhang mit dem Eintritt der Jagst (aus dem harten Wellenkalk) in den im ganzen weniger widerständigen Wellendolomit sowie weiter unterhalb, im Gebiet Klepsau-Altkrautheim, in die Röttone des obersten Buntsandsteins.

stößt, mutet der Marktflecken mit seinen meist giebelseits ausgerichteten, eng gedrängten Häusern fast ein wenig städtisch an. In seinem östlichen Teil steht die Kirche, weniger hervortretend als ihre Schwestern in Mulfingen und Ailringen, aber anheimelnd, fast möchte man sagen gemütlich, und mit ihrer Turmhaube doch der beherrschende Bau des Ortes.[1]) Wer durch

Abb. 68 Dörzbach.

Dörzbach fährt oder die Hauptstraße entlang wandert, wird vielleicht ganz übersehen, daß es außer der Kirche noch ein weiteres bemerkenswertes Gebäude besitzt. Denn fast allzu bescheiden, gewissermaßen auf der Seite, liegt zwischen Kirche und Fluß das Schloß, malerisch verborgen im parkartigen Garten mit seinen schönen alten Bäumen. Vom Talgrund aus tritt es nur von der anderen Flußseite und vor allem von der Brücke stärker hervor. Die umfangreiche Baugruppe, an die sich Wirtschaftsgebäude anschließen, umgibt von vier Seiten einen Innenhof. Jahrhunderte haben am Bild des Schlosses geformt. Reste der mittelalterlichen Anlage, vermutlich einer Wasserburg,

1) Chor und Untergeschosse des Turmes gehen auf das Spätmittelalter zurück. Das Schiff wurde 1660 unter Vergrößerung neu gebaut, der Turm 1783 erhöht. Fenster und Portale erhielten erst im vorigen Jahrhundert die jetzige Gestalt. Im Innern mag man die an drei Seiten umlaufenden Emporen als überdimensional zum vergleichsweise kleinen Raum empfinden. Herrschaftsempore; Grabdenkmäler für Angehörige der Familien von Berlichingen und von Eyb (16. und 17. Jahrhundert).

erhielten sich vor allem im Südwestflügel. Der Neubau des Nordflügels um 1526/27 leitete ihre Umgestaltung zu einem Schloß ein. Zum heutigen Bild haben auch das 17., 18. und 19. Jahrhundert beigetragen.[1])

Tal-abschnitte

Der Eintritt des Flusses in den Muschelkalk und in die Hohenloher Ebene ist mit tiefgreifendem Wechsel des Talcharakters verbunden. Dem Oberlauf im Keuperbergland zusammen mit dem verhältnismäßig kurzen obersten Abschnitt im Albvorland steht die Muschelkalkstrecke gegenüber. Diese ist ungleich länger, es liegt daher zumindest für den Sprachgebrauch eine Dreigliederung in ein oberes, mittleres und unteres Jagsttal nahe. Die obere Grenze des Mittellaufes wird durch die geologisch-morphologischen Verhältnisse klar gegeben, für die untere bietet sich der Dörzbach – Krautheimer Raum an. Dort biegt die Jagst aus ihrer vorherrschend nördlich-nordwestlichen Richtung in die südwestliche um, zwischen Dörzbach und Krautheim (an der Horrenbachmündung) erreicht sie ihren nördlichsten Punkt. Nachdem sich das Tal bei Dörzbach auffallend weitet, hatte sich dieser Wechsel seines Charakters als Begrenzung des Landschaftsschutzgebietes „Mittleres Jagsttal" angeboten. Es war zweckmäßig, die ehemalige württembergisch-badische Landesgrenze zu wählen, die stark eineinhalb Kilometer unterhalb der Ortsmitte von Dörzbach das Tal quert und bis zur jüngsten Verwaltungsreform, bis Ende 1972, als Grenze der Regierungsbezirke Nordwürttemberg und Nordbaden weiterlebte.[2]) Dort endet unsere Wanderung.

Landschafts-schutzgebiet

1) Ursprünglich Sitz eines Ortsadels, Dienstmannen der Herren von Krautheim-Boxberg (seit dem 13. Jahrhundert nachweisbar). Nach ihrem Aussterben (1416) gelangte der Besitz in mehreren Abschnitten an die Herren von Berlichingen, die ihn zu Beginn des 17. Jahrhunderts an die aus Mittelfranken stammenden Herren von Eyb verkauften. – Dörzbach war von einem Bannzaun mit drei Toren umgeben.

2) Während ursprünglich nur die Unterschutzstellung des Haupttales ab Kirchberg sowie des Brettachtales ins Auge gefaßt worden war, strebten wir bei unserem Schutzantrag die Einbeziehung des gesamten mittleren Jagsttales und aller Seitentäler an, diese talaufwärts bis zum Übergang der Engstrecken in die weiten Mulden der Hochfläche. Die Schutzverordnung trat 1973 in Kraft, nach einem Jahrzehnt zähen Bemühens und heftigen Widerstandes einiger Gemeinden. Um den Wünschen der Gemeinden weitmöglichst entgegenzukommen, wurden in der Umgebung der Orte die Grenzen des Landschaftsschutzgebietes vielfach zurückgesetzt. Die Grundkonzeption, Schutz des ganzen mittleren Jagsttales mit allen Seitentälern, blieb unangetastet.

Die mittlere Jagst und ihre Zuflüsse

Fast 65 Kilometer sind wir der Jagst gefolgt. Sie ist trotz dieses langen Laufes ein wasserarmes Flüßchen geblieben und in trockenen Zeiten wird ihr Rauschen zum müden Plätschern. „Ein wilder, reißender Fluß" – Memmingers „Beschreibung von Württemberg" schmeichelt unserer Jagst doch ein wenig zu sehr oder der Verfasser hat sie nur bei Hochwasser gesehen, wo sie freilich zu imponierender Größe und Wildheit schwellen kann. Im allgemeinen überwiegen seichte Strecken. Tiefe Stellen („wag" aus mhd. wâc; vgl. den Ortsnamen Burleswagen!) sind abseits der Wehre selten. Mühelos läßt sich die Jagst bei schwächerer Wasserführung an vielen Stellen überqueren. „Fuhrten finden sich überall, wo es die Verbindung mit den Feldern fordert" (Oberamtsbeschreibung Gerabronn, S. 15). Noch heute werden manche benützt.

Einzugsgebiet

Beträgt das Einzugsgebiet der Jagst am Beginn unserer Wanderung wenig über 500 km^2, so hat es sich bis zum Ende etwas mehr als verdoppelt.[1]) Der Kocher als parallel laufender Zwillingsfluß kann an vergleichbaren Stellen auf wesentlich größere Einzugsgebiete zurückblicken: In Hall (etwa Crailsheim/Heldenmühle entsprechend) auf rund 885 km^2, in Künzelsau (etwa Dörzbach entsprechend) auf 1331 km^2. 1000 km^2 Einzugsgebiet – wie die Jagst bei Dörzbach – erreicht auch ihr rechter Nachbarfluß, die Tauber, nach merklich kürzerer Strecke, schon bei Bad Mergentheim.

Niederschlagsmengen

Die durchschnittlichen jährlichen Niederschlagshöhen im Einzugsgebiet der Jagst bewegen sich zwischen etwas unter 700 mm

1) Nach Regelmann (1883) in Dörzbach, unmittelbar unter der Goldbachmündung, 1046 km^2. – Sofern keine besonderen Angaben gemacht werden, stammen die im folgenden genannten hydrologischen Daten aus dem „Gewässerkundlichen Flächenverzeichnis des Landes Baden-Württemberg" (1975), aus einer unveröffentlichten Zusammenstellung der Einzugsflächen von Fließgewässern des Neckarsystems der Abt. Wasserbau des Regierungspräsidiums Stuttgart, aus dem Statistischen Taschenbuch Baden-Württemberg (1976; ihm wurden die Angaben über die Länge und die mittlere Wasserführung der Flüsse unseres Landes an ihrer Mündung entnommen), aus dem Deutschen Gewässerkundlichen Jahrbuch (s. die im Literaturverzeichnis genannten Bände) sowie von frdl. Auskünften des Bayerischen Landesamtes für Wasserwirtschaft, der Regierung von Mittelfranken, des Ministeriums für Landwirtschaft und Umwelt Hessen, der Landesanstalt für Wasser und Abfall Nordrhein-Westfalen und des Ministeriums für Ernährung, Landwirtschaft und Forsten Niedersachsen.

(im untersten Abschnitt) bis gegen 900 mm,[1]) im großen ganzen vom Oberlauf zur Mündung abnehmend. Im überwiegenden Teil des Mittellaufes liegen sie zwischen 750 mm und etwas über 800 mm. Fließt die Jagst somit zwar nicht durch ein Trockengebiet, so tränken doch andererseits auch nicht so reiche Niederschläge wie in den Mittelgebirgen, im Stau der Alpen oder in den hohen Teilen des Welzheimer und Mainhardter Waldes ihre Fluten.

Wasserführung Die Wasserführung in Dörzbach ist daher bescheiden. Im Mittel der Jahre 1924–1974 betrug sie 9,6 Kubikmeter in der Sekunde[2]) gegenüber 16 m^3/s (1921–1974)[3]) des Kochers in Künzelsau. Die geringere Wassermenge der Jagst im Vergleich zum Kocher wird jedem unmittelbar offenkundig, der die beiden Täler kurz nacheinander besucht. Schon die Oberamtsbeschreibung Künzelsau hebt den größeren Wasserreichtum des Kochers hervor; im „Königreich Württemberg“ (Oberamt Künzelsau, S. 6) wird die Jagst als das „viel schwächere Flüßchen“ apostrophiert, das sich „zwischen Schilf und Binsen bescheiden dahinschlängelt.“

Von Interesse mag die mittlere jährliche Wasserführung einiger anderer Flüsse an Orten mit ähnlich großem Einzugsgebiet wie die Jagst bei Dörzbach, also rund 1000 km^2, sein.[3]) Sie übertrifft bei Gebirgsflüssen unser Hohenloher Flüßchen bei weitem. So führt die Iller bei 953 km^2 Einzugsgebiet (bei Kempten; 1901/70) 47 m^3/s, die Loisach bei 966 km^2 rund 58 m^3/s (1951/70; durch Speicher beeinflußt). Die Schwarzwälder Kinzig bringt es auf knapp 23 m^3/s (955 km^2; 1924/69), der Neckar bei Horb (1 110 km^2; 1921/74) auf 13 m^3/s, die Pegnitz bei Nürnberg nach 1 192 km^2 Einzugsgebiet auf 11,4 m^3/s (1911/70), die durch ihre riesige Quelle berühmte, zur Leine fließende Rhume bei 1 119 km^2 Einzugsgebiet auf 15,5 m^3/s (1963/72). Die Tauber freilich bleibt mit 6,13 m^3/s (1921/74) nach 1013 km^2 Einzugsgebiet bei Bad Mergentheim noch hinter der Jagst zurück, erreicht dieses aber, wie wir schon hörten, nach deutlich kürzerem Lauf.

Georg Wagner hat die Einzugsgebiete von Kocher, Jagst und Tauber auf einer Skizze in seinen „Landschaftsformen“ (1919,

1) Nach dem Klimaatlas von Baden-Württemberg (1953). Der für das Jagstgebiet angegebene, auf nur elfjähriger Messung beruhende Durchschnittswert von 728 mm im „Verwaltungsbericht der Königl. Ministerialabteilung für den Straßen- und Wasserbau“ (1901) ist im Vergleich mit dem Klimaatlas deutlich zu niedrig. Die Niederschlagsmengen im Einzugsgebiet des Kochers sind grundsätzlich ähnlich, im Albrandbereich bei Aalen und in den höchsten Gebieten des Welzheimer und Mainhardter Waldes, die teilweise zum Kocher entwässern, jedoch höher.

2) Mittel der jährlichen Höchstwerte in diesem Zeitraum 157,05 m^3/s, der Niederstwerte 1,02 m^3/s; absolutes Maximum 390 m^3/s (29. 12. 1947), absolutes Minimum 0,06 m^3/s (3. 10. 1949). Zu den absoluten Höchst- und Niederstwerten s. Fußnote auf S. 127.

3) Für freundliche Mitteilung dieser Werte und andere wertvolle Hinweise danke ich Herrn Oberregierungsbaurat Daucher von der Landesanstalt für Umweltschutz Baden-Württemberg.

Abb. 69 Die Jagst im Winter (bei der abgegangenen Gaismühle).

S. 87) gegenübergestellt. Anschaulich hebt sich hier der schmale Streifen der Jagst gegenüber den weit breiteren Arealen von Kocher und Tauber ab. Geradezu frappierend seine Asymmetrie, das Zurückweichen gegen den Kocher, dem freilich im Mittel- und Unterlauf, unterhalb der Bühlermündung, die nahe

Jagst auf der rechten Flußseite auch nicht viel Platz für größere Nebenbäche läßt.

Kocher/Jagst „Wie in ihrem ganzen Lauf, so treiben sie“ (d. h. Kocher und Jagst) „auch im Bezirk ihr neckisches Spiel miteinander, bald sich fliehend, bald einander sich nähernd, als könnten sie sich nicht lassen, und beide unter demselben Längengrade ihre südnördliche Richtung in die ostwestliche unverhofft umbiegend“ (Oberamtsbeschreibung Künzelsau, S. 56). Es ist freilich das Spiel zweier ungleich starker Zwillingsbrüder. Wo sie sich im Raum Bächlingen – Unterregenbach/Steinkirchen – Kocherstetten bis auf knapp viereinhalb Kilometer nähern, dringt der Kocher mit seinem Einzugsgebiet bis fast an die Talkante der Jagst vor. „Angriffswaffe“ ist seine tiefere Lage bei etwas kürzerem Lauf.

Das Bett der Jagst liegt an vergleichbaren Stellen durchweg höher als das des Kochers (wobei die Unterschiede im Unterlauf allmählich verschwinden): In Schweighausen (Mündung der Rechenberger Rot) 420,9 m gegenüber rund 322 m des Kochers in Gaildorf (bzw. 381,8 m der Bühler, seines bedeutendsten rechtsseitigen Zuflusses, in Bühlerzell), in Crailsheim (Trutenbachmündung) 399 m gegenüber rund 274 m des Kochers in Schwäbisch Hall (bzw. 288,5 m der Bühler an der Schmerachmündung bei Oberscheffach), 335 m am Kirchberger Wehr gegenüber 247,4 m an der Bühlermündung bei Geislingen, in Unterregenbach 282 m gegenüber 224 m in Kocherstetten, 236 m am Dörzbacher Wehr gegenüber 212 m am Kocher in Künzelsau (bzw. rund 203 m in Ingelfingen) und rund 190 m unterhalb Jagsthausens gegenüber etwa 181 m des Kochers unterhalb Sindringens, etwa an der Stelle, wo sich beide Flüsse auf anderthalb Kilometer nahe kommen.

Anzapfung Mit unterirdischer Anzapfung wie beispielsweise zwischen Rhein und oberer Donau (Aachquelle!) ist daher auch hier zu rechnen. Die Entfernung zwischen der berühmten ehemaligen Flußschwinde der Jagst an der Heldenmühle (s. S. 9/10) und der Bühlermündung in den Kocher beträgt etwa 20 km, der Höhenunterschied 146 m, zwischen der Heldenmühle und Neunbronn im Bühlertal immerhin noch 91 m auf eine Entfernung von rund 15 km. Bei Neunbronn entspringen mehrere kräftige Quellen in der Talsohle der Bühler, die allerdings schon seit geraumer Zeit der Stausee eines kleinen Elektrizitätswerkes bedeckt.

Das Bühlertal und die Neunbronner Quellen im besonderen stehen seit langem im Verdacht, die Gewinner des „verfallenen“ Jagstwassers zu sein. „Die Wasser wandern in den Pühler-Fluß im Hällischen Lande“, so eine Chronik aus dem Jahre 1736 über die versunkenen Wasser der Jagst. Georg Wagner, dem wir dieses Zitat entnehmen, schreibt (1919, S. 86): „Als möglicher Austrittspunkt... kommt Neunbronn im Bühlertal in

Betracht." Er schließt aber nicht völlig aus, daß das „versikkernde Wasser der Jagstverwerfung folgend bei Kirchberg wieder zu Tage" tritt (a. a. O., S. 86). Nach den Farbversuchen Zanders an der Versickerungsstelle des Kreuzbaches (s. S. 13), die den Nachweis des Wiederaustritts bei Neunbronn ergaben, scheint „die Frage nach dem Verbleib des Jagstwassers beantwortet. Die Nähe der Eingabestelle zur alten Flußschwinde und die relativ hohe Abstandsgeschwindigkeit lassen den Schluß zu, daß der Farbstoff die Abflußbahnen der alten Jagst-Versickerung benutzt hat" (Zander, 1973, S. 142). Bei einem Versuch an Bohrlöchern bei der Versickerungsstelle an der Heldenmühle „wären wohl keine neuen qualitativen Ergebnisse zu erwarten. Man könnte sich also beschränken auf eine intensive Kontrolle der Neunbronner wie auch anderer Quellen im Bühlertal" (Zander, a. a. O., S. 143).[1])

Die Vermutung, daß die Jagst noch an anderen Stellen Wasser verliert, liegt nahe. Immer wieder drängte sich mir der Eindruck ungleicher Wasserführung in verschiedenen Flußstrecken am selben Tag auf, ganz besonders zu Trockenzeiten. Das war sehr drastisch beispielsweise Anfang September 1973, als bei allgemein geringer Wasserführung die Jagst bei Diembot zu einem armseligen Rinnsal geschrumpft war, am Ockenauer Steg und bei Kirchberg, also weiter oberhalb, jedoch noch ein durchaus respektables Bild bot. Herr Obergeologierat Dr. Schall, der mich begleitete, teilte meine Wahrnehmung. Stau durch Mühlenwehre o. ä. konnten wir als mögliche Ursachen ausschließen. Das wiederholte sich am selben Tag bei einem Vergleich der Wasserführung bei Mulfingen mit jener bei St. Wendel. Hier hatte der Fluß trotz größeren Einzugsgebietes offenkundig weniger Wasser, wobei wir die stärkere Strömung durchaus in Rechnung stellten. Selbstverständlich ist bei solchen groben Vergleichen größte Vorsicht vor Subjektivismus geboten, aber Anregung zu Untersuchungen über die Wasserführung unserer auf trügerischem Untergrund fließenden Jagst können solche Beobachtungen doch geben.

1) Das Einzugsgebiet der Jagst an der Versickerungsstelle bei der Heldenmühle beträgt etwas über 500 km², das der Bühler in Neunbronn nur rund 200 km², bei Oberscheffach unterhalb der Schmerachmündung 258 km², an der Mündung 277 km² (wozu noch die vergleichsweise geringen Gewinne von Jagstzuflüssen kommen; s. unten). Bei grundsätzlich ähnlichen klimatischen Verhältnissen erreicht das Einzugsgebiet der Jagst diese Größenordnung bereits im Bereich von Schweighausen (268 km²; mittlere Wasserführung im Zeitraum 1931/1974 2,71 m³/s; mittlere Wasserführung der Bühler am Pegel zwischen Ober- und Unterscheffach, unterhalb der Schmerachmündung, 1973/77 nach Mitt. von Herrn Oberbaurat Daucher knapp 2,4 m³/s). Wenn ein sehr großer Teil des Jagstwassers der wesentlich kleineren Bühler zugeflossen war, hätte dann die Abdichtung der Schwinde nicht von derart auffallender Wirkung auf die Wasserführung der Bühler sein müssen, daß sie damals eindeutig den Verbleib des Jagstwassers gezeigt hätte? Der Verf. kann sich daher nur schwer vorstellen, daß das verschwundene Jagstwasser ganz oder auch nur zum überwiegenden Teil in der Bühler zu Tage trat. Auf die von Zander weiter unten in seiner Abhandlung grundsätzlich bejahte Möglichkeit weiträumiger hydrologischer Zusammenhänge, einer Verbindung von der Jagst bis zum Remstal oder in den Stuttgarter Raum, sei hier ausdrücklich verwiesen. Das letzte Wort über die ehemalige Flußschwinde der Jagst ist wohl noch nicht gesprochen worden.

Erstaunlicherweise hat der Kocher sogar in das rechtsseitige, also ihm abgewandte, Flußgebiet der Jagst Einbrüche erzielt. Zanders Untersuchungen ergaben, wie oben schon angedeutet, daß der Kreuzbach unterirdisch zur Bühler fließt, also unter der nur rund einen Kilometer entfernten, etwa 28 m tieferen Jagst hindurch. Bei dem knapp 16 km westsüdwestlich gelegenen Neunbronn trat die eingebrachte Farbe nach 288 Stunden wieder ans Tageslicht. Aber damit nicht genug! Auch der Weidenbach, der nordwestlich Wallhausens am Bahndamm in einem leider unschön ausgebauten Schluckloch versinkt, fließt unter der Jagst in Richtung Südwesten zum Bühlertal, wo Zander nach 480 Stunden in den rund 18 km entfernten Quellen von Neunbronn den Wiederaustritt des in die Bachschwinde gegebenen Farbstoffes beobachtete. Nur bei starker Wasserführung überwindet der Weidenbach die Versickerungsstelle und erreicht entsprechend den orographischen Gefällsverhältnissen über Reinach-Seebach die Brettach.

Kreuzbachversickerung

Weidenbachversickerung

Aber auch die Tauber beteiligt sich am Raubzug gegen die Jagst! Wie die Untersuchungen Zanders sowie des Wasserwirtschaftsamtes Hall ergeben haben, hat sich das Einzugsgebiet der zur Tauber fließenden Schandtauber unterirdisch über die orographischen Grenzen hinaus in den Bereich des oberirdisch der Brettach tributären oberen Wiesenbaches vorgearbeitet. So verliert die Brettach nach Zander von ihrem insgesamt 180,5 km^2 großen Einzugsgebiet im Oberlauf 41 km^2, von denen der Löwenanteil auf den Weidenbach fällt, die Jagst zwischen Crailsheim und Elpershofen 46 km^2 ihres oberirdischen Flußbereiches, bei stärkerer Wasserführung allerdings nicht vollständig. Das ist immerhin mehr als das anderthalbfache des Gebietes der Gronach mit 27,7 km^2, also eines durchaus ansehnlichen Baches.

Linksseitige Zuflüsse

Viele kräftige Zuflüsse dürfen wir nach alledem im Mittellauf der Jagst nicht erwarten, schon gar nicht auf der linken Seite. Dort kann sich auf der ganzen Strecke kein größerer Bach entwickeln. Der Schmiedebach[1]) bei Tiefenbach, der nur bei stärkerer Wasserführung bis zur Jagst fließende Grundbach bei Erkenbrechtshausen, der Scherrbach bei Dörrmenz (11 km^2 Einzugsgebiet), der Speltbach bei Berndshofen und der Forellenbach bei Hohebach (Einzugsgebiet 9,5 km^2) erreichen Längen um fünf Kilome-

1) In der Oberamtsbeschreibung Crailsheim (1884) „Schmidtebach“ (und auch „Schmidbach“), ebenso auf der beigefügten Karte des „Königl. Württ. Oberamts Crailsheim“ (1883). Diese Schreibweise wird der mundartlichen Aussprache von „Schmiede“ (kurzes „i“) gerecht.

ter (Scherrbach und Speltbach etwas mehr). Der in der Äspichklinge westlich von Lobenhausen bei normaler Wasserführung versickernde Herboldshausener Bach bringt es auf etwa vier, der im Unterlauf stets wasserführende, im klüftigen Kalk seiner Schlucht jedoch zeit- und streckenweise versickernde Hetzlesbach bei Heimhausen auf rund dreieinhalb, der (kräftigere) Buchenbach auf etwa drei Kilometer Länge. Zwischen zwei und drei Kilometer lang sind die Heppach bei Eichenau, der sehr schwache, oft monatelang ganz trockene Schindelbach bei Kirchberg und der Hohebach (knapp drei Kilometer); um zwei Kilometer erreicht der Dünsbach, der mit sehr starkem, unausgeglichenem Gefälle und nur ganz kurzem Lauf auf der Hochfläche schon ein typisches Klingenbächlein ist, von welchen als etwas bedeutendere noch der Völkersbach bei Hürden und die Bächlein der Stechbergklinge bei Nesselbach, von Unterregenbach und Jagstberg genannt seien.

Rechtsseitige Zuflüsse

Auf der rechten Flußseite bleibt der Jagst durchweg mehr Raum, gerade im Mittellauf rückt ihr aber doch die Tauber recht nahe. Dort, wo sich beide am nächsten kommen, etwa auf der Höhe Dörzbach/Mergentheim, fließt die Jagst in rund 235 m, die Tauber in 198 m Meereshöhe. Die Wasserscheide verläuft merklich näher der Jagst. Klar läßt sich die Überlegenheit des Taubersystems im Kampf um die Wasserscheide „bei Vorbach und Blaubach zeigen, die beide nahe beisammen südwestlich Schrozbergs in etwa 470 bis 480 m Höhe entspringen. Die Vorbachmündung bei Weikersheim liegt 222 m tief, die der Brettach, in die sich der Blaubach ergießt, dagegen 306 m." Bei ähnlich weiten Wegen also ein sehr beträchtlicher Gefällsunterschied. „Die Wasserscheide muß sich daher auch von der Tauber her dem Jagsttal beständig nähern" (beide Zitate aus G. Wagner 1919, S. 88).

Brettach

Wo sich das Bachsystem der Brettach entfaltet, ist das Flußgebiet der mittleren Jagst am breitesten. Wir sahen freilich bereits oben, daß vom rund 180 km^2 großen Einzugsbereich der Brettach ein nicht unbeträchtlicher Teil unterirdisch auf anderen Bahnen entwässert. Mit etwa 30 Kilometern (bei Bezug auf das nur bei starker Wasserführung durchgängige Bachsystem Michelbacher Brettach - Weidenbach - Reinach - Seebach ergeben sich einige Kilometer mehr) nimmt die Brettach auch an Länge entschieden den ersten Platz unter den Zuflüssen der mittleren Jagst ein.[1]) Es

1) Mittlere jährliche Wasserführung nach Mitteilung von Herrn Oberbaurat Daucher 1953/1963 in Liebesdorf, stark 1 km oberhalb der Mündung, 1,2 m^3/s.

Abb. 70 Die Ette in Zaisenhausen.

folgen in großem Abstand die Ette mit etwa 15–16 km Länge und einer Einzugsfläche von knapp 44 km^2 sowie die Gronach mit etwa 11 km[1]) (Einzugsgebiet 27,7 km^2), die allerdings der zur Brettach fließende Blaubach (über 12 km; Einzugsgebiet 37 km^2) noch übertrifft. In derselben Größenordnung liegen Rötelbach und (Hollenbach-)Rißbach (beide um 10 km Länge, der Rötelbach geringfügig länger als der Rißbach; Einzugsfläche des Rötelbaches knapp 29 km^2, des Rißbaches 19 km^2). Auch der Roggelshausener Bach mit knapp 8 km (Einzugsgebiet 13,6 km^2), der Entenbach-Sumbach bei Satteldorf, der Kühnbach-Kreuzbach (beide gut 6 km Länge, der Entenbach mit 10 km^2 Einzugsgebiet jedoch merklich stärker als der Kreuzbach mit 5,4 km^2), der Gaggstatter Steinbach (ebenfalls gut 6 km Länge; 11,5 km^2), der Holderbach nordöstlich von Unterregenbach und der Goldbach bei Dörzbach (beide um rund 5 km; Einzugsgebiet des Goldbaches 7,7 km^2) gehören noch zu den etwas längeren

1) Die Gronach ist auf fast der gesamten Strecke bis Gröningen, also auf dem überwiegenden Teil ihres Laufes, begradigt, ihre Länge somit verringert worden. Solche künstlichen Veränderungen der Lauflänge – ganz überwiegend auf der Hochfläche – finden sich auch bei vielen anderen hier genannten Bächen, allerdings in sehr ungleichem Maße.

rechtsseitigen Zuflüssen der mittleren Jagst.[1]) Ähnliche Länge erreicht der Eselsbach bei Bartenstein, Zufluß des Tierbaches bzw. mit diesem zusammen die Ette bildend. Nennen wir noch den Märzenbach bei Simprechtshausen (rund 4 km), so kennen wir die etwas ansehnlicheren rechten Nebenbäche – eine geringe Zahl, bezogen auf die beträchtliche Länge des Flusses. Alle anderen sind kurze, z. T. nur periodische oder gar episodische Rinnsale, die felsigen Klingen mit naturnahem Laubwald oder auch nur breiteren Ausbuchtungen des Haupttales entstammen: Mistlauer Steinbach, Weckelweiler Klingenbach, Diemboter Klingenbach, Ziegelbach bei Bächlingen, Schindbach (o. Schimbach) und Reisichsbach bei Langenburg, Weidenklinge, eine auf der topographischen Karte unbenannte Klinge etwas weiter talab, die auf der Karte ebenfalls namenlosen, kurz unterhalb Eberbachs und gegenüber von Heimhausen mündenden Bächlein, der dem Märzenbach etwa parallel laufende Lausenbach, Lehrsklinge, Hansenklinge, Imenklinge und Reitersklinge zwischen Mulfingen und Ailringen, Eselklinge[2]) und Kiesgraben bei Dörzbach – Namen, die fast nur der Anwohner kennt, die aber gleichwohl des Nennens wert sind, verbergen sich doch hinter vielen von ihnen Reste ungebändigter Natur. Die meisten dieser Bächlein überschreiten zwei Kilometer Länge nicht oder nicht wesentlich; nur der Lausenbach bringt es auf etwa drei Kilometer (wenn man den Graben auf der Hochfläche dazurechnet), liegt aber dennoch einen sehr großen Teil des Jahres trocken, auch dann, wenn viele kürzere Klingenbäche Wasser führen.

Eine ganze Reihe dieser Bäche, auch der kleinsten, gibt sich durch einen Gehölzsaum, der sich zum Wäldchen verbreitern kann, in der Aue des Hauptflusses recht eindrucksvoll kund. Durch den plötzlichen Gefällsknick beim Austritt aus der Klinge

1) Die ungefähre Länge der Flußabschnitte und der Bäche bestimmte ich mit einem festen Faden auf der topographischen Karte. Von 5 Messungen wurde der Mittelwert gebildet. Diese „Methode" mag zunächst höchst grob erscheinen, ist aber, wie Vergleichsmessungen an bekannten Strecken zeigen, erstaunlich genau und für unsere Zwecke voll ausreichend, eher genauer als der ebenfalls verwendete Kurvenmesser. Bei engen Wiesenmäandern (auf der Hochfläche) sind die Angaben allerdings nur sehr grob näherungsweise, während der Unterschied zwischen der Projektion in die Kartenebene und der tatsächlichen Länge selbst bei Klingenbächen mit starkem Höhenunterschied auf kurzer Strecke gering bleibt. Nicht ohne Willkür sein kann die Festlegung des Beginnes vieler Bäche auf der Hochfläche, die sich großenteils ohne deutliche Quelle in kleinsten, heute meist künstlich ausgeformten, in jüngster Zeit mehr und mehr der Verdolung zum Opfer fallenden Rinnsalen sammeln.

2) So der Name auf der top. Karte. Auf der Flurkarte und in der Oberamtsbeschreibung lautet er „Oesenklinge".

Schwemmkegel in das Flußtal bedingt, lagern die Seitenbäche dort viel Sediment ab, das oft auch dem Unbefangenen als beulenartige Anschwellung in der Sohle des Tales auffallen mag.

Abb. 71 Die Gronach unterhalb der Hammerschmiede.

Talnetz Es ist alles in allem ein recht weitmaschiges Talnetz, wie im Muschelkalkgebiet im Gegensatz beispielsweise zum benachbarten Keuperhügelland nicht anders zu erwarten. Die verhältnismäßig wenigen Täler führen nun aber durchaus keine bedeutenden Wassermengen, auch mangelt es ihnen an eindrucksvollen, großen Quellen. Öd und leer sind viele kleine Bäche im späten Sommer und im Herbst, stumm die Klingen. Selbst die Ette ist trotz ansehnlichen, weitverzweigten Gewässernetzes ein vergleichsweise recht bescheidener Bach, zu Trockenzeiten nicht viel mehr als ein Rinnsal. Die Gronach erschien mir bei mehrfachen Vergleichen, jeweils am selben Tag, trotz wesentlich geringeren Einzugsgebietes nicht schwächer als die Ette, in regenarmer Zeit sogar eher stärker, wobei sich die klimatischen Verhältnisse der Einzugsgebiete nicht tiefgreifend unterscheiden. Rötelbach, Rißbach und Roggelshausener Bach stehen an *Wasserführung der Seitenbäche* Wasserführung der Ette – so jedenfalls der unmittelbare optische Eindruck – weniger nach als bei ihren erheblich kleineren Einzugsgebieten zu erwarten. Verhältnismäßig kräftig in wasserarmer Zeit ist im Vergleich zu seinem kurzen Lauf und kleinen Einzugsgebiet der Goldbach. Im Juli 1976 übertraf er nach längerer Trockenzeit bei allgemein niederer Wasserführung den Speltbach und erst recht den Holderbach sowie den Forellenbach – alle drei etwa gleich lang wie der Goldbach – ganz entschieden und konnte es mit der Ette trotz deren weit größeren Einzugsgebietes fast aufnehmen (alle am selben Tag beobachtet).[1]) Im großen ganzen geht jedoch die Rangordnung der Seitenbäche nach ihrer Wasserführung, von einigen weiteren Ausnahmen abgesehen, dem Verhältnis ihrer Länge parallel.

Zuflüsse im Unterlauf der Jagst

Auf der linken Seite erlaubt die Nähe des Kochers unserer Jagst bis hinab zum Neckar nicht die Entwicklung eines größeren Einzugsgebietes. Nur Sindelbach (26 km^2 Einzugsgebiet) und Ginsbach (19 km^2) besitzen etwas größere Areale. Der Sindelbach ist der bedeutendste linksseitige Nebenbach im ganzen Muschelkalkbereich! Aber rechts bietet sich der Jagst durch das Abbiegen der Tauber nach Norden im Unterlauf nun doch eine größere Lücke und mit dem Erlenbach (knapp 105 km^2 Einzugsgebiet), der Kessach (rund 74 km^2), der Schefflenz (95 km^2) sowie vor allem der Seckach (261 km^2) empfängt sie eine Reihe größerer Zuflüsse. Und wenn sie nach etwas über 200 km langem Lauf bei Jagstfeld sich im Neckar verliert, gegenüber von Wimpfen im Tal mit seiner herrlichen Stiftskirche, so führt sie ihm immerhin die Wasser von rund 1836 km^2 zu,[2]) etwa 17,4 m^3/s im langjährigen Mittel .[3])

Vergleich der Jagst mit anderen Flüssen

Damit nimmt die Jagst unter den Nebenflüssen des Neckars an Länge die erste, an Einzugsgebiet und langjähriger mittlerer Wassermenge jedoch erst die dritte Stelle ein, hinter dem Kocher

1) Profitiert der Goldbach in größerem Umfang von dem nördlich seiner Quellen gelegenen, abflußlosen „Langen Grund"?

2) Die, soweit bekannt, im ganzen doch untergeordneten Verluste durch Anzapfungen nicht berücksichtigt.

3) Am Pegel Möckmühl (unterhalb der Seckachmündung, 25 km oberhalb der Jagstmündung) betrug bei einem Mittelwert von 15,2 m^3/s (1921/74) das Mittel der jährlichen Maxima und Minima im selben Zeitraum 171,4 m^3/s bzw. 3,4 m^3/s, der höchste gemessene Wert 389 m^3/s, der niederste 0,98 m^3/s. Die nächst höheren neun Niederstwerte bewegen sich zwischen 1,6 und 1,96 m^3/s. Am Pegel Dörzbach betragen die zehn niedersten gemessenen Werte (1924 - 1974) zwischen 0,06 und 0,27 m^3/s. Das steht in auffallendem Mißverhältnis zu den Mittelwerten in Möckmühl und Dörzbach! Sogar die Niederstwerte der Seckach (allerdings auf einen kürzeren Zeitraum bezogen) liegen weit höher als die der Jagst in Dörzbach! Diese Angaben erscheinen daher wenig glaubhaft, es sei denn, auf der Muschelkalkstrecke oberhalb von Dörzbach spielen bei sehr geringer Wasserführung Versickerungen auch heute noch eine ganz beträchtliche Rolle. (Alle Zahlen dem Deutschen Gewässerkundlichen Jahrbuch, Sonderheft Baden-Württemberg, Abflußjahr 1974, entnommen.) Zweifelhaft auch die Maxima!

Abb. 72 Zahlreiche alte Mühlenwehre beleben den Fluß. (Auf dem Bild das Wehr der verschwundenen Heinzenmühle bei Bölgental.)

(23,2 m^3/s, 1 957 km^2 Einzugsgebiet, 182 km Länge) und der Enz (23 m^3/s,[1]) 2 228 km^2, 110 km), übertrifft jedoch bei weitem die Fils (9,1 m^3/s, 706 km^2, 63 km), die Rems (7 m^3/s, 582 km^2, 81 km) und die Murr (6,3 m^3/s, 508 km^2, 54 km) sowie die zur Enz fließende Nagold (11,5 m^3/s, 1 144 km^2, 92 km). Der Neckar selbst erreicht ein Einzugsgebiet von der Größe der Jagst bei Rottenburg; an der Mündung ist es auf 13 958 km^2 angewachsen und liefert eine Wassermenge von 148 m^3/s im langjährigen Durchschnitt (Länge 367 km).

Noch ein paar Vergleiche mit anderen süddeutschen Flüssen: Als Kind des Hochgebirges liefert die Iller bei nur um rund 300 km^2 größerem Einzugsgebiet (Länge 147 km ab der Vereinigung der drei Quellflüsse unterhalb Oberstdorfs) im Jahresdurchschnitt etwa das Vierfache an Wasser wie die Jagst, rund 69 m^3/s im Durchschnitt der Jahre 1921/70. Auch die Schwarzwaldflüsse Kinzig und Murg schneiden im Verhältnis zur Größe des Einzugsgebietes weit besser ab als die Jagst, von den Lauflängen gleich gar nicht zu reden. So führt die Kinzig rund 25 m^3/s Wasser als Jahresmittel bei 1418 km^2 Einzugsfläche und kaum halb so weitem Weg wie die Jagst, die Murg fast gleich viel wie die Jagst bei nur 617 km^2 Einzugsgebiet und 70 km Länge. Altmühl (224 km), Naab (188 km; die Waldnaab mitgerechnet), Regen (192 km; der Schwarze Regen mitgerechnet) und die Regnitz (183 km; Fränkische Rezat-Rednitz mitgerechnet) besitzen bei ähnlicher Länge wie die Jagst bedeutend größere Einzugsgebiete (und mittlere Wassermengen): Die Altmühl 3258 km^2 (sie führt 40 km oberhalb der Mündung etwa soviel Wasser wie die Jagst an der Mündung), die Naab 5512 km^2 (17 km oberhalb der Mündung bei 5426 km^2 Einzugsgebiet 1921/70 48,6m^3/s), der Regen 2 876 km^2 (16 km oberhalb der Mündung bei 2658 km^2 Einzugsgebiet 1901/70 38 m^3/s), die Regnitz 7523 km^2 (13 km oberhalb der Mündung bei 7005 km^2 Einzugsgebiet 1923/70 52 m^3/s). Wörnitz und Tauber allerdings, die rechten Nachbarflüsse der Jagst in deren Ober- bzw. Mittellauf, bleiben mit ihrer mittleren jährlichen Wasserführung bei nur wenig kleineren Einzugsgebieten hinter der Jagst noch zurück. (Wörnitz: 1686 km^2; 19 km oberhalb der Mündung bei 1 587 km^2 Einzugsgebiet 1940/70 10,9 m^3/s. Tauber: 1810 km^2; 4 km oberhalb der Mündung 1956/74 9,7 m^3/s; Länge nach Abmessen auf den topographischen Karten etwa 135 km.)

Auch bei Vergleichen mit Flüssen des mittleren und nördlichen Bundesgebietes wiederholt sich immer wieder dasselbe Bild: An Länge nimmt es die Jagst mit manchem viel bekannteren Fluß auf, an Einzugsgebiet und mittlerer Wasserführung[2]) bleibt sie

1) Diese Zahl mag im Vergleich zum Kocher verwundern; denn der unbefangene Beobachter wird die Enz als den stärkeren Fluß ansprechen. Zu Recht! Ihre Wasserführung ist ausgeglichener, während der längeren Zeit des Jahres liefert sie daher tatsächlich mehr Wasser als der Kocher und natürlich erst recht als die Jagst.

2) Die Wasserarmut der Jagst findet sogar in der Literatur der Romantik Erwähnung! In Ludwig Tiecks wenig bekannter Novelle „Eine Sommerreise" lesen wir (bezogen auf die Strecke Jagsthausen – Möckmühl): „Eine sehr große und schöngebaute Brücke führt über den Jagstfluß, der jetzt so klein war, daß er fast gar kein Wasser enthielt." Karl Julius Weber schreibt über die Jagst bei Hohebach, es gehe ihr „oft wie dem Manzanares, und man kann trockenen Fußes über sie schreiten." Die Abdichtung der Flußschwinde bei der Heldenmühle hat die Wasserarmut allerdings inzwischen gemildert.

dagegen weit zurück. So steht sie Flüssen wie Lahn, Ruhr, Lippe, Fulda, ja sogar der Aller an Länge erstaunlich wenig nach, nicht mehr als etwa ein Viertel im äußersten Fall. Alle führen jedoch bei weit umfangreicheren Einzugsflächen im langjährigen Mittel mehrfach größere Wassermengen zu Tal. Und der nur halb so langen, durch ihre Talsperre bekannt gewordenen, zur Fulda fließenden Eder fehlt nicht allzu viel zur doppelten Größe von Einzugsgebiet und Wasserführung. Gewiß werden diese Vergleiche durch die ausgreifenden Talmäander unserer Jagst im Hauptmuschelkalk beeinflußt (sowie durch unterschiedliche klimatische und geologische Verhältnisse), aber sie zeigen doch mit aller Deutlichkeit, wie sie unter der Nähe des von der Quelle bis zur Mündung nicht von ihrer Seite weichenden Kochers „leidet". Sie ist gewissermaßen nur ein halber Fluß!

Abb. 73 Gemächlich fließt der Fluß im Stau der Mühlenwehre. (Das Bild zeigt die Bächlinger Mühle.)

Bleibt es der Jagst auch versagt, zum mächtigen Fluß anzuschwellen, so kann sie einige andere Prädikate aufweisen. Durch Götz von Berlichingen bzw. Goethe ist sie in die deutsche Literatur eingezogen! Noch durchfließt sie einen im ganzen wenig berührten, dünn besiedelten Raum, noch spiegeln sich in ihren Fluten mehr Fachwerkgiebel als Betonklötze, mehr Burgen und Schlösser als Hochhäuser. So kommt es nicht von ungefähr, daß sie noch immer ein verhältnismäßig sauberer Fluß ist, von den größeren Neckarzuflüssen der am wenigsten mit Abwasser belastete.[1]) Auch die meisten Seitenbäche führen, gemessen an den heutigen Verhältnissen, noch erfreulich reines Wasser, ausgenommen allerdings so manche Klinge, deren schwaches Bächlein das Abwasser des nächsten Dorfes aufnehmen muß und oft genug als dessen (billiger) Schuttplatz dient.

Wassergüte

1) Vgl. die Ergebnisse der „Biologischen Flußüberwachung" von H. Buck (1959 a). Die Verhältnisse haben sich trotz mancher Veränderungen im einzelnen seither nicht grundsätzlich gewandelt (mdl. Mitteilung von Herrn Dr. Buck, 1975). Vgl. auch die vom Innenministerium Baden-Württemberg im Juli 1974 herausgegebene Karte über den „Gütezustand der Gewässer in Baden-Württemberg (Stand: Anfang 1974)". Nach frdl. Auskunft von Herrn Dr. Buck hat sich die Jagst zwischen Kirchberg und Brettachmündung von der Verschmutzung durch Crailsheim erholt (β-mesosaprob), während sie sich bis hinauf nach Crailsheim im Grenzbereich von α- und β-mesosaprob befindet. Brettach und Ette sind als β-mesosaprob einzustufen.

Beobachtungen zur Pflanzen- und Tierwelt

Abb. 74 Selbst auf der gefällreichen Strecke bei der Gronachmündung ist der Fluß im Sommer und Herbst stark verwachsen.

Zum guten Teil zugewachsen ist die Jagst im Sommer und im frühen Herbst auf beträchtlichen Strecken. Es hat bei niederem Wasserstand an manchen Stellen geradezu den Eindruck, als müsse sich das Flüßchen mühsam durch das dichte Pflanzengewirr hindurchzwängen. Lange Strecken mit sehr geringem Bewuchs fehlen zwar auch heute noch nicht, doch ist beispielsweise selbst das steinige Bett des schnellfließenden Flusses am Fuß des Baierlessteines im August 1975 etwa zu einem Viertel zugewachsen gewesen. Die Pflanzenmenge im und auch am Fluß hat in den letzten drei Jahrzehnten sehr stark zugenommen. Der Vergleich mit älteren Schilderungen (z. B. der Oberamtsbeschreibung Gerabronn, S. 14), zahlreiche eigene Beobachtungen und Berichte von Anwohnern ergeben dies eindeutig: Zweifellos die Folge düngender Zuflüsse aus Siedlungen und landwirtschaftlich genutzten Flächen. „Massenbildner" ist in erster Linie das derbe Flutende Laichkraut, zusammen mit einer der zarten, schmalblättrigen Laichkrautarten, wobei es sich zumindest bei der überwiegenden Zahl allem Anschein nach um das Kammlaichkraut handelt. Jedenfalls habe ich an vielen Stellen immer wieder diese Art und nie eine der anderen schmalblättrigen „bestimmt".

Wasserpflanzen

Mehr als die Laichkräuter mit ihren unscheinbaren Blüten gereichen unserem Fluß die an ruhigen Stellen häufigen Teichrosen zur Zier. An weiteren Pflanzen fand ich in der Jagst (ohne eingehender zu suchen): Krauses Laichkraut (selten), Glänzendes Laichkraut (im Mulfinger Raum, sehr selten), Pfeilkraut, Wasserknöterich, Flutenden Hahnenfuß (selten), Spreizenden Hahnenfuß (sehr selten), an einigen Stellen mit geringem Gefälle auch Wasserhahnenfuß, Haarblättrigen Hahnenfuß, Quirlblütiges Tausendblatt (nur an einem Standort bei Kirchberg, wenige Pflanzen), Ähriges Tausendblatt, Wasserfenchel (wenige Pflanzen an mehreren Stellen zwischen Oberregenbach und Dörzbach).

Uferpflanzen

Das Ufer säumt oft ein dunkelgrüner Streifen aus Seebinsen, da und dort bis zur Mitte des Flusses vordringend. Auch der Kalmus wagt sich manchmal weit in den Fluß hinaus. Diese in Südasien beheimatete, im 16. Jahrhundert über Konstantinopel nach Mitteleuropa gelangte Heilpflanze fühlt sich an der Jagst offensichtlich sehr wohl. Allenthalben ist sie häufig anzutreffen. Auch Schilf und Rohrglanzgras geben dem Fluß in großen Beständen das Geleit, seltener, aber nichtsdestoweniger häufig

Abb. 75 Kalmus.

sind vielerorts Sumpfkresse, Blutweiderich, Froschlöffel, Ästiger Igelkolben, Wasserschwertlilie und Wasserschwaden. Sie können das Ufer hinauf „klettern“ und sich dort mit einer ganzen Reihe von Pflanzen „vermengen“, die zum Teil ihrerseits oft bis unmittelbar ans Wasser vordringen: Ufersegge (wenige Pflanzen bei Buchenbach), Sumpfrispengras, Wolliges Honiggras, Weißes Straußgras, Kuckuckslichtnelke, Seifenkraut (auch an trokkeneren Stellen, an Wegrändern und ähnlichen Orten), Wassermiere, Kriechender Hahnenfuß, Barbarakraut (vereinzelt), Bachnelkenwurz, Mädesüß, Hoher und Weißer Steinklee, Wiesenstorchschnabel, Sumpfstorchschnabel, Zweihäusige Zaunrübe, Behaartes und Kleinblütiges Weidenröslein, Knolliger Kälberkropf, Goldkälberkropf, Wiesenkerbel, Geißfuß, Bärenklau, Sumpflabkraut, Klebriges Labkraut, Kreuzlabkraut, Zaunwinde, die schmarotzende Europäische Seide, Sumpfvergißmeinnicht, Beinwell, Weiße und Gefleckte Taubnessel, Sumpfziest, Wolfstrapp, Wasserminze, Roßminze, Bittersüßer Nachtschatten, Geflügelte und Knotige Braunwurz, Gebräuchlicher Baldrian, Pestwurz, Kohlkratzdistel. Pflanzen trockenerer Standorte können sich anschließen, so Goldlackartiger Schotendotter, Echte Nelkenwurz, Roter Zahntrost, Kardendistel, Schuppenkopf und Beifuß, von denen die beiden letzteren oft auch in den feuchten Bereich vordringen. Das ist nur eine Auswahl von Pflanzen, die sich am Jagstufer einstellen, wobei wir eine fast vergessen hätten, die zwar durchaus dorthin „gehört", aber sich als Folge erhöhter Nährstoffzufuhr in immer unerfreulicherem Maße ausbreitet, selbst auf steinigem Untergrund: die Brennessel. Meist besiedeln diese Pflanzen nur einen schmalen Streifen entlang des Ufers. Mancherorts können sie

Abb. 76 Pestwurz.

aber ausgedehntere Fluren bedecken, so beispielsweise auf der Insel oberhalb Lobenhausens und vielfach unterhalb der Wehre, wo sich der Fluß oft in mehrere Arme teilt. Hier kann die Pestwurz ganz die Herrschaft übernehmen und prächtige Wildnisse bilden.

Ufergehölz

Der Uferstreifen an der Jagst wurde und wird meist auch heute noch im späten Sommer gemäht, Ufergehölz somit in Schranken gehalten, so daß es sich meist auf Einzelbüsche und Buschgruppen beschränkt – vor allem Weiden sowie Schwarzerlen, Eschen, Pappeln (gepflanzt), Schwarzen Holunder, Wasserschneeball, Pfaffenhütchen, oft von Hopfen umrankt – und nur selten auf längerer Strecke zu lückenlosem Saum sich schließt. Weiden mit ihren zahllosen Bastarden zu „bestimmen“, wollen wir Spezialisten überlassen. Immer wieder feststellen können wir jedenfalls die allgemein verbreiteten Arten Mandelweide, Purpurweide, Silberweide, Korbweide und Bruchweide. Mag der Uferstreifen durch Mahd, Düngung und Nutzung der angrenzenden Gebiete (von wasserbaulichen Maßnahmen ganz abgesehen) auch vom Menschen erheblich beeinflußt sein, als naturhaft wird man ihn trotzdem empfinden und als „naturnahes“ Glied der Jagsttallandschaft darf man ihn ruhig bezeichnen. Es gibt freilich unterschiedliche Ansichten über den Wert solchen Geländes. Als vor einigen Jahren ein paar Wagen Schutt entlang des Ufers abgelagert worden waren, meinte der zuständige Bürgermeister, es sei dort zuvor auch nicht schöner gewesen als jetzt...

„Wasen“

Da und dort finden sich am Fluß im Ortsbereich oder doch in der Nähe von Dörfern, Weilern oder einzelnen Mühlen in meist geringer Ausdehnung Flächen, die man als „Anger“ oder als „Wasen“ bezeichnen könnte, wie der vorbeiziehende Fluß oft von Gänsen und Enten bevölkert, so zum Beispiel bei der schönen Muschelkalkbrücke von Eichenau. Hier begegnen wir am Fluß und in seiner unmittelbaren Nähe vielen Pflanzen, die wir oben schon genannt haben. „Landwärts“ gesellen sich zu ihnen in zunehmender Zahl „Ruderalpflanzen“ und Pflanzen, die für trockenere „Triften“ typisch sind: Stumpfblättriger Ampfer, Vogelknöterich, Gänsefußarten, Melden, Meerrettich, Wilde Kresse, Gebräuchliche Rauke, Gänsefingerkraut, Echte Nelkenwurz, Wiesenstorchschnabel, Pyrenäenstorchschnabel, Schlitzblättriger Storchschnabel, Taubenstorchschnabel, Kleiner Storchschnabel, Spitzblättrige, Wilde und Gewöhnliche

Malve, Klettenkerbel, Pastinak, Wilde Gelbe Rübe, Eisenkraut, Gewöhnlicher Hohlzahn, Roter Zahntrost, Großer Wegerich, Strahllose Kamille, Beifuß und Kletten. Natürlich fehlen Brennesseln nicht und an feuchteren Stellen finden sich auch abseits des Ufersaums Knolliger Kälberkropf, Wasserminze, Roßminze, Dreiteiliger Zweizahn und Behaarte Segge. Das ist gewiß keine Liste, die den Liebhaber seltener Pflanzen beeindrucken kann, und gemeinhin pflegt man ja derlei Flächen als „Ödland" oder noch unfreundlicher als „Unland" zu bezeichnen. Oft sind sie gerade gut genug, um Schutt und Unrat auf bequeme und billige Weise los zu werden. Aber sind solche „Wasen", oder wie immer man sie nennen mag, nicht liebenswerte Reste des alten Dorfes? Möchten sie nicht nur vor Unrat, sondern auch vor falsch verstandener „Dorfverschönerung", vor „Grünanlagen" vorstädtischen Zuschnittes, vor Aufforstung, Parkplätzen und ähnlichem bewahrt bleiben!

„Dorfverschönerung"

Ein paar typische Florenbilder zeigen, einige Pflanzen nennen, die uns am Weg auffielen, mehr können und sollen unsere Hinweise auf die Pflanzenwelt des Jagsttales nicht sein. Eine neuere, umfassendere vegetationskundliche oder floristische Bearbeitung dieses Raumes liegt leider nicht vor. Aber recht weit zurück reicht die erste genauere Kunde von Pflanzenarten im Jagsttal. Herrn Dr. S. Seybold verdanke ich die Kenntnis der „Materialien zu einer Flora der Fürstenthümer Hohenlohe und Mergentheim" C. F. Bauers, eines unveröffentlichten, um 1830 entstandenen, von S. Seybold rekonstruierten Manuskriptes, das eine ganze Anzahl Pflanzen unserer Gegend mit Orts- und Häufigkeitsangaben nennt. Es überrascht, daß Schnizlein und Frickhingers bedeutsames Werk über die „Vegetationsverhältnisse der Jura- und Keuperformation in den Flußgebieten der Wörnitz und Altmühl" (1848) auch Funde vom Jagsttal zwischen Crailsheim und Kirchberg enthält, die allerdings bereits Blezinger in der Oberamtsbeschreibung Crailsheim von 1884 nicht mehr alle bestätigen konnte.[1]) Blezingers Schilderung der Flora des Oberamtes Crailsheim, das talabwärts nahe Lobenhausen und Mistlau endete, ist noch heute sehr lesenswert. Drei seiner kostbarsten Funde, Diptam, Frauenschuh und Bleiches Knabenkraut, meldet schon Schaaf (s. u.) als verschwunden; die Küchenschelle auf dem Lobenhausener Berg hat in neuerer Zeit

Schriften zur Pflanzenwelt des Jagsttales

1) Schnizlein und Frickhinger nennen einige Pflanzen, deren Vorkommen in unserem Tal äußerst unwahrscheinlich ist. Möglicherweise übernahmen sie Funde wenig zuverlässiger Gewährsleute.

dasselbe Schicksal ereilt (s. u.). Im Gegensatz zu Blezinger beschränken sich die floristischen Beiträge in den Oberamtsbeschreibungen von Künzelsau und (noch mehr) von Gerabronn weitgehend auf die (sehr reichhaltige) Aufzählung der im jeweiligen Gebiet lebenden Pflanzen, so daß sich über die Flora des Jagsttales unmittelbar nur wenige Angaben gewinnen lassen und diese nur aus der Oberamtsbeschreibung Künzelsau (bearbeitet von Maier, Kemmler und Herter). Einen knappen Überblick über die Pflanzenwelt enthalten die Beschreibungen der drei uns interessierenden Oberämter im „Königreich Württemberg" (1907). In seiner Zusammenstellung der „Orchideenstandorte in Württemberg und Hohenzollern" (1913) nennt Mayer eine ganze Reihe von Fundorten aus dem Gebiet der mittleren Jagst.

In den zwanziger Jahren dieses Jahrhunderts lief die floristische Erkundung unserer Gegend auf hohen Touren. Dieser Zeit verdanken wir die ausführlichste Bearbeitung ihrer Flora durch Hanemann, bis heute die einzige, die das ganze Gebiet erfaßt (1927). Hanemann war Pfarrer in Leuzenbronn bei Rothenburg und später in Neustadt an der Aisch. Zur Seite stand ihm sein Amtskollege Mürdel von Unterregenbach. Fundortangaben steuerten auch eine Reihe anderer Floristen bei, vor allem Gustav Schaaf und Ludwig Seitz (Kirchberg). Drei Jahre zuvor hatte Hanemann bereits einen umfangreichen Aufsatz über „Die Hygrophyten des zum schwäbisch-fränkischen Hügellande gehörigen Keupergebietes ..." erscheinen lassen, der, über den Titel hinausgreifend, die Wasser- und Uferpflanzen des mittleren Jagsttales mit seinen Seitentälern berücksichtigt und als Anhang zur Schrift von 1927 einen Nachtrag erhält. Mürdel und Schaaf haben ihre Beobachtungen auch in eigenen Aufsätzen niedergelegt, Mürdel in einer unveröffentlichten „Florula Regenbacensis", auf die mich freundlicherweise Herr Dr. S. Seybold vom Staatlichen Museum für Naturkunde aufmerksam machte, welches das mit Zusätzen von Hanemann versehene Manuskript von 1926 aufbewahrt, Schaaf in seinem Beitrag über die Pflanzenwelt im „Heimatbuch Crailsheim" (1928). Reichhaltigkeit und Zuverlässigkeit vereinen sich hier mit besonderer Wärme und Lebendigkeit der Darstellung, so daß man fast bedauern möchte, daß das alte Oberamt nur einen verhältnismäßig kleinen Teil des Tales umfaßte. Die Fundortangaben aus unserer Gegend in den württembergischen Floren sowie bei Eichler, Gradmann und Meigen (1905–26/27) gründen weitgehend auf den eben genannten Schriften.

Aus neuerer Zeit stammen einige Arbeiten auf der Grundlage pflanzensoziologischer Methode: Faber (1933 und 1936), Libbert (1939) und Roser (1962). Bei Faber kommt dem Jagsttal nur eine randliche Rolle zu (einige Vegetationsaufnahmen vom Gebiet um Unterregenbach/Langenburg, teils vom Talhang, teils von der Hochfläche). Libberts recht umfangreichen „Pflanzensoziologischen Untersuchungen im mittleren Kocher- und Jagsttale" sieht man nicht an, daß ihr aus der Neumark stammender Verfasser nur vier Wochen zu einem Ferienaufenthalt im Hohenloher Land, in Künzelsau, weilte. Vom Jagsttal findet die Strecke Bächlingen-Mulfingen Berücksichtigung. Die Mehrzahl der Vegetationsbeispiele stammt allerdings aus dem Kochertal. Rosers „Vegetations-und Standortsuntersuchungen im Weinbaugebiet der Muschelkalktäler Nordwürttembergs" haben wir schon mehrfach zitiert. Die Vegetationsstudien beziehen Standorte im Jagsttal zwischen Kirchberg und Langenburg mit ein. Genannt seien unter Hinweis auf das Literaturverzeichnis noch einige Schriften lokalen oder thematisch eng begrenzten Charakters: Blezinger (1888), Herter (1888), Baur (1935, 1938), Buck (1959a; s. u.), Sebald und Seybold (1973), B. Rüdenauer, K. Rüdenauer und Seybold (1974), Seybold, Sebald und Winterhoff (1975).

In der Karte der „potentiellen natürlichen Vegetation von Baden-Württemberg" (Müller und Oberdorfer, 1974) trägt fast unser gesamtes Gebiet die Signatur für einen Komplex aus folgenden Gesellschaften: Waldlabkraut-Traubeneichen-Hainbuchenwald (auf „nicht zu trockenen, schweren Lehm-Tonböden"), Steinsamen-Eichenwald (trockene Südhänge, etwa dem „Steppenheidewald" Gradmanns entsprechend), Seggen-Buchenwald und Linden-Ahornwälder, zu denen der Klebwald gehört. An Nordhängen kommt auch Platterbsen-Buchenwald vor. Örtlich stellen sich (vielfach verbuschende) Trockenrasen sowie „Saumgesellschaften" ein, „Steppenheiden", freilich in vergleichsweise dürftiger „Ausgabe" und von Natur aus sicher auf ganz wenige, höchst bescheidene Flecken an sonnseitigen, felsigen oder doch sehr kargen, flachgründigen Hangpartien beschränkt.

Wälder

Eiche und Hainbuche, aber teilweise auch Feldahorn sind in den unterholzreichen Wäldern der steilen Hänge vor allem auf der Sommerseite stark vertreten, vielfach herrschend, während die Buche dort im ganzen zurücktritt. Sicher ist ihre Konkurrenzkraft gegenüber diesen Arten an dürren, trockenen Standorten gemindert, doch haben auch ältere Wirtschaftsformen die lichtliebende Eiche und die Hainbuche gegenüber der Buche begünstigt. „Eiche und Hagbuche sind ... die geborenen Vertreter des Nieder- und Mittelwaldbetriebs" (Gradmann, 1936, S. 47; vgl. z. B. auch Schlenker, 1939). Daß vor allem letzterer im Jagsttal

Nieder- u. Mittelwälder

Abb. 77 Artenreicher, noch recht naturnaher Laubwald kleidet die steilen Prallhänge im Hauptmuschelkalk.

vor nicht allzu langer Zeit noch weit verbreitet war,[1]) läßt sich aus dem heutigen Waldbild, aus der häufig zu beobachtenden Verjüngung durch Stockausschlag und der Artenzusammenset-

1) Er herrschte nach Graß (1935) in den achtziger Jahren des vorigen Jahrhunderts noch fast im ganzen Bereich der nordwürttembergischen Gäulandschaften.

zung ohne weiteres ablesen. Am abwechslungsreichen, malerischen Charakter dieser mehrschichtigen Wälder, an der oft bizarren Form der Bäume hat jene Vergangenheit großen Anteil. Elsbeere und Wildkirsche stellen sich im lichten Wald verhältnismäßig häufig ein, nicht selten, auch an recht trockenen Plätzen, erscheint die Esche. Oft finden sich Haselsträucher, da und dort Linden (an trockenen Standorten vorherrschend Winterlinden). Im Unterholz können sich alle Straucharten ansiedeln, die wir für die Steinriegel genannt haben. In der reichen Krautschicht sind an hellen, trockenen Standorten u. a. Stinkende Nieswurz, Ebensträußige Wucherblume und Purpurblauer Steinsamen charakteristisch, dieser an recht zerstreuten Stellen, dort aber immer gesellig.

Hochwälder

Das heißt nun ganz gewiß nicht, daß wir tiefschattige Buchenhochwälder im Jagsttal missen müßten. Als grobe Faustregel läßt sich sagen, daß sich typische Hochwälder mit herrschender (aber nie rein vorkommender) Buche im mittleren und unteren Teil unserer Talstrecke viel häufiger als im oberen finden und allgemein auf steilen, kargen Hängen zugunsten von eichen- und hainbuchenreichen Mittelwäldern bzw. „ausgewachsenen" Mittelwäldern, Buschwäldern und Gebüsch zurückstehen.

Waldflora

Treten wir im frühen Sommer in den schönen, dichten, hohen Laubwald, der sich am „Elpershofener Berg" vom Schloß Morstein den nordseitigen Talhang hinabzieht! Zur herrschenden Buche gesellen sich in geringer Zahl Bergahorn, Esche, Sommerlinde und Eiche, an Jungbäumen außerdem Spitzahorn und Feldahorn, an Sträuchern Heckenkirsche und (wenig) Stachelbeere, in einem verlichtenden Horst schlecht wüchsiger Fichten in großer Zahl Schwarzer Holunder[1]) (mit üppiger Krautflora aus Goldhahnenfuß, Knoblauchhederich, Echter Nelkenwurz, Ruprechtskraut, Goldnessel, Gefleckter Taubnessel, Waldziest, Waldknäuelgras u. a.). Von der Bodenflora fällt die in Massen erscheinende Ährige Teufelskralle besonders auf. Häufig sind außerdem die schon verblühte Frühlingsplatterbse, Waldbingelkraut, Süße Wolfsmilch, Goldnessel und Flattergras. Besonders freuen wir uns über die reiche Zahl von Türkenbund und Seidelbast. In einzelnen Gruppen treten Haselwurz und – vergilbend – Aronstab auf. Weniger fallen einige andere, schon abgeblühte Pflanzen in den Blick wie Vielblütiger Salomonssie-

1) Die Beobachtung, daß in älteren, schlecht wüchsigen, lückig werdenden Fichtenbeständen der Schwarze Holunder sich stark ausbreitet, läßt sich in verschiedenen Landesteilen (u. a. auch auf der Alb) immer wieder machen.

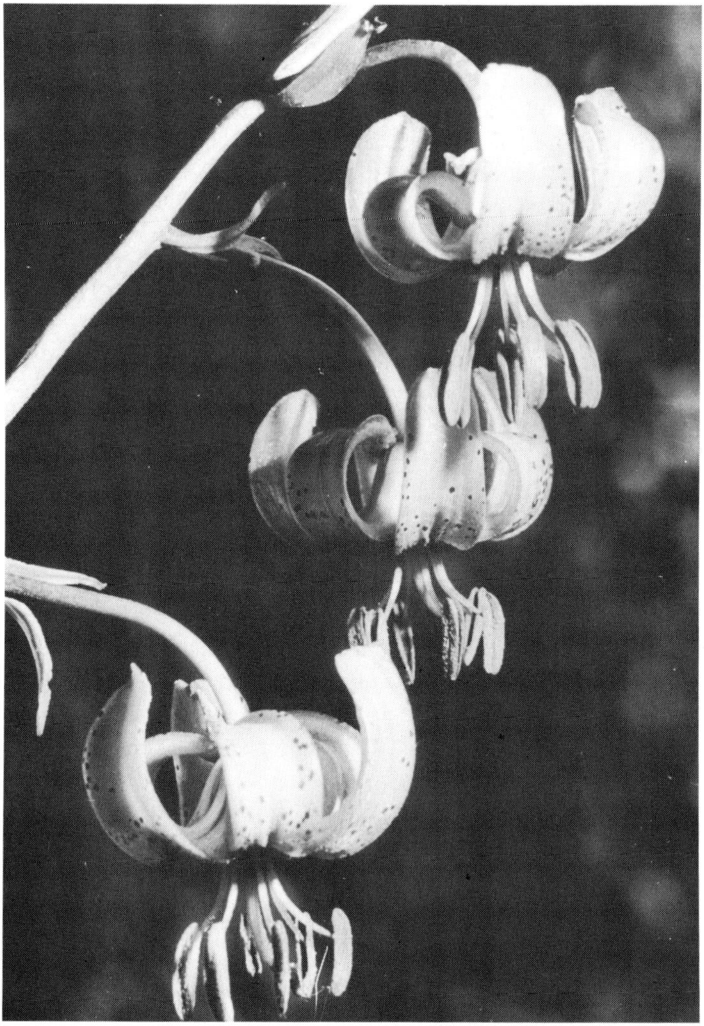

Abb. 78 Türkenbund.

gel, Anemone, Sauerklee, Waldveilchen und Lungenkraut, ferner die unscheinbare Dreinervige Nabelmiere (auf dem Weg), der erst im Hochsommer seine roten Blüten entfaltende Hasenlattich und einige hier seltene Arten wie das Hainrispengras, das Einblütige Perlgras, die Stinkende Nieswurz (sehr selten), das Bergweidenröschen und das Waldhabichtskraut (einzeln). An dem nach Westen sich neigenden Hang gegen die Dünsbachklinge wird der Wald niederer und lichter, die Eiche erscheint zahlreicher, die Buche bleibt aber herrschend. Elsbeere, Weißdorn und Stachelbeere bemerken wir im Unterholz. Die vielen Maiblumen sind leider schon verblüht, an einer lichten Stelle wachsen Behaartes Johanniskraut, Goldkälberkropf und Waldlabkraut. Wo sich der Hang steiler hinab senkt, bilden Waldbingelkraut, Süße Wolfsmilch, Hexenkraut, Goldnessel, Ährige Teufelskralle, Fuchskreuzkraut und Wurmfarn weithin einen geschlossenen Teppich, während unten in der Schlucht das Ruprechtskraut stark hervortritt. Mächtige Buchen steigen bis in die Schlucht hinab, aber ihre Alleinherrschaft haben sie eingebüßt. Sommerlinde, Bergahorn, Bergulme, Esche und (seltener) Spitzahorn formen zusammen mit der Buche einen urwüchsigen Bestand. Am Rand der Schlucht gegen Kleinforst zu sehen wir Weißes Waldvögelein, Sternmiere, Christophskraut und Sanikel.

Oder werfen wir einen Blick auf die Pflanzenwelt am lichten Südwesthang an der Ausmündung des Holderbaches unterhalb von Unterregenbach. Mächtige Buchen herrschen, von Stieleichen begleitet. An höher wüchsigem Gesträuch findet sich der Rote Holunder. Anfang Juli bedeckt ein dichter Teppich aus Jungbäumen, niederen Büschen, Kräutern und Gräsern den Boden: Hainbuche, Esche, Buche, Feldahorn, Hartriegel, Liguster, Weißdorn, Stachelbeere und Pfaffenhütchen versuchen gegen Waldtrespe, Knäuelgras und Waldzwenke aufzukommen. Auch Waldmeister stellt sich in großer Zahl ein, in einzelnen Gruppen die Haselwurz. Waldbingelkraut und Bergsegge – beide im Frühjahr offensichtlich häufig – werden vom Gras überwachsen. Vereinzelter sind Türkenbund, Blaugrüne Segge, Nickendes Perlgras, Akelei, Seidelbast, Waldlabkraut; selten Fingersegge, Breitblättrige Stendelwurz, Nestwurz, Mauerlattich und, als besondere Kostbarkeit, das Rote Waldvögelein. Auf einer sonnigen Lichtung gedeihen Fiederzwenke, Hainrispengras, Stinkende Nieswurz, Elsbeere, Süßblättriger Tragant, Zypressenwolfsmilch, Schwalbenwurz, Genfer Günsel, Nesselblättrige und Pfirsichblättrige Glockenblume.

Mag die alte Bewirtschaftungsweise und die neuerliche Umwandlung der lichten Mittelwälder in Hochwälder zu Verschiebungen zwischen den herrschenden Gehölzen und zu gewissen Wandlungen der übrigen Flora geführt haben, so treten diese Veränderungen im Vegetationsbild und erst recht im Gesamtbild der Landschaft doch zurück gegenüber jenen, wel-

Nadelhölzer che die Anpflanzung von Nadelholz, in allererster Linie der gebietsfremden Fichte, aber auch der Forche, der Lärche und in neuester Zeit zunehmend der aus dem westlichen Nordamerika stammenden Douglasie im ursprünglichen Laubholzgebiet bewirken. Schon die alten Oberamtsbeschreibungen aus dem letzten Jahrhundert kennen Nadelholzbestände und heben sie von manchen Gebieten besonders hervor, so vom Speltbachtal und vom Rötelbachtal, dem sie nach der Oberamtsbeschreibung Künzelsau „das Ansehen eines Schwarzwaldthälchens geben" (S. 57). Mehr als 5% der Waldfläche des Oberamtes Künzelsau nahmen die Nadelhölzer jedoch damals nicht ein. Das hat sich heute gewiß geändert, aber es herrscht im Jagsttal und in seinen Seitentälern das Laubholz doch noch immer entschieden.

Nicht übersehen läßt sich allerdings die ständige, beträchtliche Zunahme der Nadelhölzer, vor allem durch die zahlreichen Neuaufforstungen, auf die wir noch zu sprechen kommen, aber auch durch Umwandlung von Laubwäldern. Sie wird den Charakter des Tales auf längere Sicht recht tiefgreifend und gewiß nicht zu seinem Vorteil verändern. Auf manchen Standorten an Schattenhängen gedeiht die Fichte nicht übel, aber an vielen Stellen des Jagsttales sind ihr die Trocken- und Borkenkäferjahre nach dem Kriege schlecht bekommen. Und wie kümmerlich ein künstlicher Fichtenforst, gemessen am kraftvollen Nadelwald des Gebirges! Neuerdings ist Beimischung von Lärchen in Schwang gekommen. Gewiß eine Bereicherung gegenüber reinen Fichtenpflanzungen, besonders im Herbst, aber fremd muten sie hier doch an und ihre herbstlichen Farben wollen mir nicht so kräftig, so leuchtend erscheinen wie im heimatlichen Gebirge.

„Grüne Waldberge begleiten den Wasserlauf...". Als Waldlandschaft erscheint die Umgebung von „Brauneck" (Langenburg) in Agnes Günthers Roman. Ungewöhnlich waldreich für hohenlohische Maße ist in der Tat die Hochfläche nordöstlich Langenburgs mit Holderbach- und Rötelbachtal, und auch die verhältnismäßig enge Langenburger Talschlinge mag man, wenngleich nicht uneingeschränkt, als Waldtal empfinden. Ein Zusammenhang mit Walderhaltung und -pflege durch die Langenburger Grafen und Fürsten liegt hier auf der Hand. Ausgedehntere, geschlossene Wälder fehlen auch anderen Teilen unseres Talsystems nicht, so dem linksseitigen Hang bei Ailringen und dem Rißbachtal mit nördlich anschließendem Gelände. Abgesehen von Strecken im oberen Bereich mit ihren steilen, vergleichsweise noch niederen Hauptmuschelkalkhängen trägt das Jagsttal jedoch im ganzen offenen Charakter. Der häufige Wechsel von kleinen Wäldern, Gebüsch, Trockenrasen, Äckern, Wiesen, Weiden, Steinriegeln und kleineren Gruppen von Obstbäumen bedingt Wesen und Reiz der Talhänge in ganz entscheidendem Maße. Wohl häufen sich Ackerfluren – meist geringer Ausdehnung – im mittleren, flacheren Hangbereich, den geologisch-morphologischen Aufbau unterstreichend. Doch nirgends finden sich starre Grenzen, nirgends harte Linien, auch die Steinriegel wird man keinesfalls als solche empfinden. Mannigfaltigkeit kennzeichnet die Hänge, vielfältig miteinander verzahnt und verwoben sind ihre Glieder. Prächtig vielerorts die Säume aus Eichen, Maßholdern und Haselsträuchern an Wäldern und Gebüschen! Oft belebt ein deutlicher Gegensatz zwischen waldreichem Schattenhang und offenerem Sonnenhang die Bilder, des Haupttales vor allem, aber auch einiger Nebentäler, des Speltbachtales beispielsweise und des Ettetales. Daß sich hier Wandlungen vollziehen, daß die steileren Hänge mehr und mehr verbuschen und verwalden, davon später.

Gesamtbild

Floristische Raritäten aufzuspüren, wird immer besondere Freude bereiten. Für das Bild einer Landschaft ist aber neben ihren Oberflächenformen, ihren Gewässern, der Besiedlung und

Abb. 79 Die eigenartige, schmarotzende Schuppenwurz.

Abb. 80 Stinkende Nieswurz.

einigen anderen Wesenszügen ihr Vegetationskleid *als Ganzes* entscheidend, das Verhältnis und die Verteilung von offenem Land und Wald, von Gebüsch, Acker, Wiese, Weide und Obstwiese sowie Zusammensetzung und Aufbau des Waldes, der Waldränder und Gebüsche. Daneben so manche einprägsamen, charakteristischen, häufigen oder jedenfalls nicht extrem

Abb. 81 Hohler Lerchensporn.

seltenen, auch dem aufmerksamen „Laien“ immer wieder in den Blick fallenden Pflanzen, ihre Formen, Farben und Düfte. Nennen wir aus einer größeren Zahl (neben den herrschenden Gehölzen) willkürlich Aronstab, Bärlauch, Türkenbund, Stinkende Nieswurz, Akelei, Lerchensporn, Waldbingelkraut, Waldziest und Schuppenwurz im Wald und Gebüsch; Bunte Kronwicke, Sichelblättriges Hasenohr, Schwalbenwurz, Auf-

„Charakterpflanzen“

Abb. 82 Färberkamille.

rechten und Deutschen Ziest, Dost, Quirlblütigen Salbei, Kardendistel, Dürrwurz, Färberkamille sowie Seifenkraut und Stinkende Nieswurz an offenen Hängen, an Böschungen und Wegrändern; die Wilde Stachelbeere auf Steinriegeln, im Gebüsch und in lichten Wäldern, die Waldrebe Gebüsch und Waldsäume überziehend und noch im Winter mit ungezählten hellgrauen Büschelchen zierend.

Abb. 83 Die Waldrebe ist ein besonders schöner Schmuck zahlreicher Talhänge.

Floristische Notizen

Über das Vorkommen einiger bemerkenswerter Pflanzen, die wir zum Teil bisher nur kurz oder noch nicht erwähnt haben, mögen ein paar Notizen bzw. zusammenfassende Hinweise folgen. *Ästige Graslilie:* Selten (aber gesellig) an Trockenhängen vor allem im unteren Teil unserer Talstrecke, aber z. B. auch bei Mistlau, Oberregenbach und Unterregenbach. *Weinberglauch, Runder Lauch* und *Gemüselauch:* Einige Male an Trockenhängen bei Dörzbach gefunden; nicht näher bzw. nicht eindeutig bestimmte Pflanzen dieser Gattung mehrfach. *Wilde Tulpe:* Massenvorkommen am Hang des Brettachtales bei Amlishagen, auch bei Kirchberg. *Gebräuchlicher Salomonssiegel:* Sehr vereinzelt, besonders in trockenen, lichten Wäldern und an sonnigen, buschigen Hängen um Dörzbach gefunden. *Quirlblättriger Salomonssiegel:* Vereinzelt im ganzen Gebiet. *Märzenbecher:* Reicher Standort im Brettachtal bei Bügenstegen. Nach frdl. mdl. Mitteilung von Herrn Dr. S. Seybold auch bei Jagstberg. Der Fundplatz bei Mistlau durch Ausgraben und Abreißen fast ganz erloschen. Nach Auskunft von Herrn Oberstudienrat O. Mutschler 1975 elf, 1976 zehn, 1977 acht blühende Pflanzen. Etwas außerhalb unseres Gebietes im Blaubachtal oberhalb des Weilers Blaubach. *Vogelfußsegge:* Im ganzen Bereich sehr zerstreut in lichten Wäldern und Gebüschen. *Orchideen:* Nach frdl. Mitteilung von Herrn Dr. S. Künkele ist das mittlere Jagsttal wie an vielen anderen Organismengruppen, so auch an dieser, besondere Schmuckstücke unserer Flora bergenden Familie reich im Vergleich zur Hohenloher Ebene, jedoch verhältnismäßig arm gegenüber Teilen des Taubertales und offensichtlich verarmt gegenüber früheren Jahrzehnten. Intensive Nutzung einerseits, Verwachsung andererseits sind gleich wenig förderlich. Zu üppig in Gras und Kraut stehen viele heideartigen Flächen. Auch ohne Kenntnis von Fundplätzen werden dem aufmerksamen Wanderer im ganzen Gebiet *Weißes Waldvögelein, Breitblättrige Stendelwurz, Großes Zweiblatt* und *Nestwurz* begegnen, alle freilich nur vereinzelt, das sonst so häufige Zweiblatt recht spärlich; wenn er besonderes Glück hat in lichten Laubwäldern, an Waldsäumen u. ä. vielleicht auch *Rotes Waldvögelein, Grünliche Kuckucksblume* und (noch seltener) *Weiße Kuckucksblume.* Erfreulich häufig ist das *Stattliche Knabenkraut.* Jagstabwärts bis in den Kirchberger Raum sowie im Brettachtal kenne ich eine ganze Reihe von Wuchsplätzen (weiter talab merklich weniger), vom *Helmknabenkraut* dagegen nur aus dem unteren Teil unserer Talstrecke (meist recht vereinzelt, im unteren Goldbachtal in größerer Zahl). *Purpurknabenkraut:* Vom Verf. nur bei Dörzbach gefunden, nach Mitteilung von Herrn Dr. Künkele seit 1828 in unserem Talabschnitt nachgewiesen, neuere Funde in größerer Zahl von der mittleren und unteren Strecke, auch aus dem Brettachtal. *Geflecktes Knabenkraut:* Von Dr. Künkele einige Funde aus neuerer Zeit in unserem Gebiet im Bereich der top. Karte Blatt Gerabronn. *Epipactis muelleri,* eine Kleinart aus der Verwandtschaft der Breitblättrigen Stendelwurz, fand Herr Dr. S. Künkele bei Zaisenhausen (Erstnachweis für den gesamten Raum). *Violette Stendelwurz:* Wesentlich seltener als die ähnliche Breitblättrige Stendelwurz. *Frauenschuh:* Am altbekannten Fundplatz beim Kalten Brunnen im großen Waldgebiet nordöstlich Langenburgs nach frdl. Mitteilung von Herrn O. Mutschler seit 1975 nicht mehr gesehen.[1]) Der Standort, eine Waldblöße, stark überwachsen, besonders mit Brennesseln. *Riemenzunge:* Nach Mitteilung von Herrn Mutschler in den fünfziger Jahren bei Kirchberg. In den letzten Jahren dort wieder erschienen, jedoch jeweils nur eine Pflanze, deren Blüten sich nicht voll entfalteten (nach frdl. Auskunft von Herrn M. Zorzi).[2])

Grauerle: Dieses Lieblingsgehölz der Landschaftspfleger ist mir im Jagsttal und in seinen Seitentälern von keiner Stelle autochthon bekannt; (überflüssigerweise) viel angepflanzt in neuer und neuester Zeit. *Osterluzei:* Am Hang bei der Ettemündung. *Wasserampfer:* Wenige Pflanzen bei Buchenbach. Nach Mitteilung von Dr. Seybold bei Bügenstegen im Brettachtal. *Taubenkropf* und *Nickendes Leimkraut:* An mehr oder weniger trockenen Hängen ziemlich häufig. *Gelber Eisenhut:* An vielen Stellen, vor allem in Seitentälern und -schluchten, wenn auch nirgends in Massen. Vom nördlichen und nordwestlichen Teil unseres Talraumes sind meine Notizen merklich spärlicher. *Küchenschelle:* Im ganzen sehr selten, im oberen Abschnitt des mittleren Jagsttales anscheinend heute völlig fehlend. Der Standort auf dem Lobenhausener Berg erloschen (nach frdl. Mitteilung von Herrn Oberstudienrat O. Mutschler seit 1953; durch Ablagerung von Unrat); reicher Standort im Brettachtal bei Bügenstegen, mehrere Fundplätze im Gebiet Mulfingen-Dörzbach. *Berberitze:* Durch das ganze Gebiet verhältnismäßig häufig, wenn auch immer nur einzeln. *Gelber Lerchensporn:* Im Siedlungsbereich da und dort in Mauerritzen. *Finkensame:* Wie zahlreiche andere Ackerunkräuter zurückgehend, aber auf den kleinen, nicht extrem intensiv bewirtschafteten (bzw. mit Herbiziden behandelten) Äckern des Jagsttales nicht selten anzutreffen. *Kelchsteinkraut:* An vielen offenen, trockenen Standorten im ganzen Gebiet. *Springschaumkraut:* Vereinzelt in Schluchten und an schattig – feuchten Klebhängen des Haupttales (u. a. zwischen Barenhalden- und Neumühle, Schmiedebachtal). *Bitteres Schaumkraut:* In Quellen und quellennahen Bachstrecken zerstreut im ganzen Bereich.

1) 1978 nach frdl. Auskunft von Herrn O. Striffler (Gerabronn) wieder mehrere blühende Pflanzen.

2) 1978 eine blühende Pflanze.

Behaarte Gänsekresse: Vereinzelt an Trockenhängen. *Wasserkresse:* Sehr selten bei Dörzbach. *Große Fetthenne:* An lichten, trockenen Stellen, Wald- und Gebüschrändern, vereinzelt. *Mehlbeere:* Kommt wild nicht vor. *Steinbeere:* Sehr zerstreut. *Traubenkirsche:* Angepflanzt. Wild im Hauptal wohl nicht häufig. Über das natürliche Vorkommen in den Seitentälern kann ich mir keine Aussage erlauben. *Färberginster:* An trockenen Hängen nicht selten, vor allem im Bereich Unterregenbach-Dörzbach. *Mittlerer Klee:* An Wald- und Gebüschrändern, in Waldlichtungen, häufig. *Bergklee:* Seltener. *Süßblättriger Tragant:* Vorkommen wie der Mittlere Klee. *Bunte Kronwicke:* Hat sich in den letzten Jahrzehnten offensichtlich stark ausgebreitet. *Waldplatterbse:* Zerstreut an buschigen Hängen, Waldrändern, auf lichten Waldstellen. *Erbsenwicke:* Im Holderbachtal, sehr selten. *Breitblättrige Wolfsmilch:* Vereinzelt im ganzen Bereich an ruderalen Stellen, Gebüschrändern u. ä. *Gewöhnliche Kreuzblume:* Auf offenen, trockenen Standorten im ganzen Gebiet nicht selten. *Behaartes Johanniskraut:* Im ganzen Gebiet häufig. *Wunderveilchen:* Zerstreut, am häufigsten in der Kirchberger Gegend beobachtet. *Betäubender Kälberkropf:* Zerstreut im ganzen Raum. *Knolliger Kälberkropf:* An der Jagst recht häufig, auch an der Brettach. *Goldkälberkropf:* Recht häufig. *Behaarter Kälberkropf:* Zerstreut (z. B. Eingang der Teufelsklinge bei Crailsheim, Gronachtal, Brettachtal bei Liebesdorf, Jagsttal bei Unterregenbach, Heimhausen, St. Wendel; am Kühnbach etwas außerhalb unseres Gebietes oberhalb von Beuerlbach). *Sichelmöhre:* Zerstreut im ganzen Bereich. *Hirschwurz:* An trockenen, lichten Hängen zerstreut im ganzen Gebiet. *Heidelbeere und Heidekraut:* Sind unseren Kalktälern fremd, können sich aber da und dort an entkalkten oder ursprünglich kalkarmen Stellen der angrenzenden Hochfläche einfinden, so im Anhäuser Wald östlich von Mistlau. In üppigen Kissen wächst dort das säurezeigende Weißmoos (Leucobryum glaucum); außerdem sind sehr häufig Pfeifengras sowie Faulbaum und Wiesenwachtelweizen. Der Untergrund allem Anschein nach aus Lettenkeupersandstein. Ein packender Gegensatz zum nahen Muschelkalktal! *Blauer Gauchheil:* An einem Trockenhang bei Dörzbach. *Kreuzenzian:* Wenige Pflanzen bei Unterregenbach. *Immergrün:* U. a. (aber keineswegs ausschließlich) an alten Burgstellen (z. B. Hertenstein, Gruningen). *Schwalbenwurz:* An mehr oder weniger trockenen, offenen, mit Gebüsch oder lichtem Wald bestandenen Hängen recht häufig im ganzen Gebiet. *Ackerröte:* Bei Unterregenbach. *Gebräuchlicher Steinsamen:* Im Brettachtal nahe dem Salzbrunnen. *Beinwell:* Nicht selten am Weg- und Flußrand. *Eisenkraut:* In den Dörfern zwar noch an vielen Stellen anzutreffen, aber doch wie viele andere „Dorfunkräuter" rasch seltener werdend. *Aufrechter Ziest:* An sonnigen Hängen nicht selten. *Deutscher Ziest:* An Wegrändern, Böschungen, offenen Hängen, auch ruderal beeinflußten Stellen, zerstreut im ganzen Gebiet. *Bilsenkraut:* Auf einem Schuttplatz am Eingang zur Crailsheimer Teufelsklinge. *Zimbelkraut:* In Mauerritzen (Siedlungsbereich) zerstreut durch das ganze Gebiet. *Roter Zahntrost:* Auf trockenen Stellen nahe dem Flußufer, an Wegrändern, auf „öden" Flächen im ganzen Gebiet. War auf der Ebene auf Triften entlang Wegrändern und an ähnlichen Stellen sehr häufig und geradezu charakteristisch im spätsommerlichen und herbstlichen Bild dieser Landschaft. Durch die Intensivierung der Landwirtschaft und den Ausbau der Straßen stark zurückgegangen. *Schuppenwurz:* Auffallend häufig im Jagsttal mit Seitentälern, vor allem im oberen Teil unserer Strecke. *Wolliger Schneeball:* Ist mir im ganzen Gebiet nirgends autochthon bekannt, wird jedoch bei „landschaftspflegerischen Pflanzungen" viel verwendet. *Geißblatt* (verwildert): An Gebüschrändern zwischen Langenburg und Oberregenbach. *Schuppenkopf:* Vereinzelt im ganzen Gebiet.

Abb. 84 Schwalbenwurz.

Geknäuelte Glockenblume: Zerstreut, in den letzten beiden Jahrzehnten deutlich zurückgegangen. *Schwarze Teufelskralle:* Im Gebiet des mittleren Jagsttales recht häufig, aber mehr auf den kalkärmeren Böden der Hochfläche. *Scharfes Berufkraut:* Auf trockenen, offenen Flächen nicht selten im ganzen Bereich. *Wollkratzdistel:* An lichten (auch ruderal beeinflußten) Stellen zerstreut im ganzen Gebiet.

Nimmt es wunder, daß die Mooskundler sich von den niederschlagsreichen Gegenden unseres Landes, vor allem vom Schwarzwald mit seinen üppigen Moospolstern in triefenden Felsenschluchten, mehr angezogen fühlen als von den vergleichsweise kargen Hohenloher Tälern, in denen die *Moose* im Gesamtbild der Vegetation sehr stark zurücktreten? So finden sich nur wenige Angaben über Moose aus dem Gebiet der mittleren Jagst. Die allermeisten beziehen sich auf den Dörzbacher Raum, vor allem auf St. Wendel mit seinen Tuffbildungen. (Vgl. in erster Linie Hegelmaier 1884; einzelne Notizen über unser Gebiet ferner bei G. v. Martens, 1862, Herter, 1887 und Düll, 1969/72.) *Moose*

Aus naheliegenden Gründen erfreuen sich die einzelnen Organismengruppen in höchst unterschiedlichem Maße der Gunst von Fachleuten und Liebhabern. Verhältnismäßig guten Kenntnissen über die Verbreitung der „höheren" Pflanzen und der Vögel stehen oft nur lückenhafte der meisten anderen Gruppen gegenüber, also der *„niederen" Pflanzen* und des ganz überwiegenden Teiles der *Tierwelt.* Das Jagsttal bildet hier keine Ausnahme. Im Gegenteil. Der Verf. kann sich zwar ganz gewiß nicht anheischig machen, auch nur im entferntesten alle Literatur durchgesehen zu haben, die irgendwelche Notizen über die Lebewelt unseres Tales enthalten *kann* – ein ungeheuer aufwendiges Unterfangen – aber es läßt sich doch mit Bestimmtheit sagen, daß das Jagsttal bis jetzt recht stiefmütterlich weggekommen ist. Zu weit weg lag es vor der Kraftfahrzeugepoche von Universitäten und dicht besiedelten Gegenden, zu wenig bekannt waren seine landschaftlichen und naturkundlichen Reize. Gleichwohl finden sich (abgesehen von den o. a. Schriften über höhere Pflanzen und Moose) Notizen über Angehörige einer ganzen Reihe von Pflanzen- und Tiergruppen aus unserem Raum, vor allem in den „Jahresheften des Vereins für vaterländische Naturkunde" (ab 1845), dieser Fundgrube der „vaterländischen", d. h. heimischen Naturkunde. Wir müssen es uns schenken, hierauf näher einzugehen, zumal die Angaben viel zu spärlich und oft zu zufällig sind, um auch nur ein einigermaßen zusammenhängendes Bild zu geben und oft auch zu ungenau, um festzustellen, ob der betreffende Fund im Tal selbst bzw. in unserem Abschnitt gemacht wurde.

Einige Schriften mit Fundortangaben aus dem mittleren Jagsttal wollen wir als Beispiel anführen: Buck (1959 b; Kieselalgen; die meisten Angaben vom Keuperbereich), Mattern (1968; einige Algen der Brettach), Buck (1961; Wim-

Schriften zur Tierwelt pertierchen), Buck (1956; Schwämme, Strudelwürmer, Borstenwürmer, Egel, Schnecken, Muscheln, Krebstiere, Eintagsfliegen; die namentlich genannten Fundorte außerhalb unserer Flußstrecke), Becker (1960; Strudelwürmer), Bilfinger (1892; Rädertiere, bei Crailsheim), Buck (1957; Wasserkäfer), Horion (1960, 1961; Käfer), Harde und Köstlin (1961, 1962, 1965; Käfer), Klunzinger (1881; Fische). Ein besonders wertvoller Beitrag zur botanischen und zoologischen Erkundung der Jagst und einiger ihrer Seitenbäche ist die leider nur in der Form eines amtlichen Berichts (1959 a) erschienene Arbeit Bucks im Rahmen seiner alle Flüsse im nördlichen Württemberg umfassenden biologischen Gewässergüteuntersuchungen. Eine ganze Reihe weiterer Funde aus der Jagst, darunter sonst seltener, z. T. im nördlichen Württemberg bisher nicht nachgewiesener Arten verschiedenen systematischen Gruppen angehörender Wassertiere (u. a. Käfer und Steinfliegen) hat Herr Dr. Buck noch nicht veröffentlicht (frdl. mündl. Mitteilung).

Schnecken, Muscheln Von den wirbellosen Tieren unseres Flusses werden dem Wanderer vielleicht *Schnecken* und *Muscheln* am meisten auffallen, finden sich doch ihre leeren Schalen oft zu vielen Hunderten, ja Tausenden vom Hochwasser zusammengeschwemmt in Ufernähe, und es mag verlocken, die z. T. bizarr geformten Gehäuse zu sammeln und, wenn möglich, wenigstens „näherungsweise" die Art oder doch die Gattung zu „bestimmen". D. Geyer, Altmeister der württembergischen Weichtierkunde, nennt Fundorte im mittleren Jagsttal und in dessen Seitentälern mehrfach in seinen Schriften: 1894, 1903 (eine große Zahl von Schnecken- und Muschelarten aus dem „Geniste" der Jagst zwischen Kirchberg und Langenburg sowie der Brettach bei Gerabronn), 1904, 1908 und vor allem 1907 (Lartetien oder Vitrellen aus Quellen, Brunnen und Anspülungen im Gebiet der mittleren Jagst und ihrer Seitentäler). Auch in Geyers umfassendem Werk über die Weichtierfauna Deutschlands findet das Jagsttal Erwähnung.

Nachdem schon G. v. Martens (1830) außer einer Schnecke (bei Jagstberg) eine Flußmuschel in der Jagst (ohne nähere Fundortangabe) nennt und v. Seckendorf (1846) über zwei Arten der Flußmuschel aus der „Jaxt bei Crailsheim" (S. 49) berichtet, die auch E. v. Martens (1865) anführt, widmet Zwiesele (1914) einigen Muschelarten unseres Flusses eine tiergeographisch und flußgeschichtlich interessante Darstellung. Hingewiesen sei schließlich noch auf Vogels Schrift über Nacktschnecken (1938) mit einem Fund aus dem Brettachtal sowie auf Buck (1959 a, s. o.). Nach mdl. Mitteilung von Herrn Dr. H. Buck lebt die Schnecke Theodoxus fluviatilis („Fluß-Schwimmschnecke", „Schildkrötenschnecke") in großer Zahl in der mittleren Jagst.

In der Beschreibung der in unseren Bereich fallenden ehemaligen Oberämter Crailsheim, Gerabronn und Künzelsau im „Königreich Württemberg" beschränkt sich die Darstellung der Tierwelt auf Nennung einiger „jagdbarer

Tiere“ und Fische.[1]) Ähnlich hatten es unter Hinweis auf die Oberamtsbeschreibung Mergentheim auch schon die Oberamtsbeschreibungen von Crailsheim und Künzelsau gehalten. Ausführlicher beschäftigt sich die Gerabronner mit der Tierwelt, vor allem mit den Vögeln. Sie rühmt die große Mannigfaltigkeit der Insektenfauna und vor allem mancher Käferfamilien in Kirchbergs Umgebung. Einige bemerkenswerte Arten nennt sie namentlich. *Fische*

Traurig muß es stimmen, daß alle vier Oberamtsbeschreibungen unseres Gebietes (die Mergentheimer eingeschlossen) vom heute wohl in ganz Südwestdeutschland ausgestorbenen *Fischotter* berichten. Möglich, daß Veränderungen der Umweltbedingungen zu seinem Verhängnis beigetragen haben. Aber Nahrung würden ihm die Hohenloher Flüsse und Bäche noch immer bieten, viele sind erfreulicherweise bis heute natürlich geblieben und der moderne Verkehr belastet das Jagsttal mit seinen Seitentälern erst seit allerjüngster Zeit und nur in einigen Teilen in stärkerem Maße. Auch wenn es vielleicht nicht von allen Seiten gern gehört wird: Es war in erster Linie die rücksichtslose Verfolgung, die dem Fischotter zum Verderben wurde. *Fischotter*

Eine große biologische Oase ist das Jagsttal in der weiten Agrarebene. Oase für alle möglichen Organismen und Organismengruppen, auch für eine der liebenswertesten und am besten bekannten, unsere *Vogelwelt.*[2]) Einige auffallende Arten sind uns schon begegnet. Kaum ein Besucher des Jagsttales wird *Graureiher* und *Milane* übersehen. Die Hohenloher Täler gehören zu den Verbreitungsschwerpunkten des *Roten Milans* in Südwestdeutschland, das insgesamt noch rund 200 Brutpaare beherbergt (s. Hölzinger und Mitarbeiter, 1970). Von Kirchberg bis zur Bächlinger „Reiherhalde“, einschließlich des Brettachtales bis hinauf nach Bügenstegen, kennt H. P. Fuchs allein fünf bis *Vögel*

1) Nach frdl. mdl. Mitteilung von Herrn Oberregierungsfischereirat Dr. Kullak würde ohne Stau durch Mühlenwehre der Mittellauf der Jagst in seinen schnellfließenden Strecken der Äschenregion bzw. dem Übergangsbereich Forellen-/Äschenregion, in den langsamer fließenden der Barbenregion angehören. Durch die Wehre entstehen jedoch Bereiche mit sehr geringer Strömung, Schlammablagerungen und zeitweiligen physikalisch-chemischen Schichtungen. Sie sind der Brachsenregion zuzurechnen. Dort herrschen nach Dr. Kullak (schriftl. Mitteilung) Aal, Hecht, Karpfen, Schleie, Rotauge u. a.; in den anderen Abschnitten Barbe, Döbel, Nase, Bach- und Regenbogenforelle.

2) Die folgenden Angaben gehen größtenteils auf mündliche Mitteilung von Herrn H. P. Fuchs (Morsbach) zurück, dem ich auch an dieser Stelle herzlich danken möchte. Schwerpunkte seines Beobachtungsgebietes bilden die Talstrecke Kirchberg-Bächlingen und das Brettachtal. – Hinzuweisen ist hier auf die umfangreiche, von großer Sachkenntnis wie von Liebe zu den Vögeln und tiefer Sorge über die Auswirkungen der modernen Entwicklung gleichermaßen getragene, leider nur hektographiert und in wenigen Exemplaren vorliegende Arbeit des verstorbenen Oberlehrers Helmut Feyhl (Waldenburg). Unsere Täler liegen allerdings außerhalb seines engeren Untersuchungsgebietes.

Abb. 85 Schwarzer Milan.

sieben Brutpaare sowie zwei bis drei seines im Jagsttal merklich selteneren schwarzen Vetters, außerdem je einen Brutplatz des Roten Milans im Speltbachtal und bei Mulfingen sowie einen des *Schwarzen Milans* unterhalb von Mistlau. Über dem Dünnersberg bei Mulfingen sah ich im August 1975 15 Rote Milane kreisen.[1]) Sehr selten ist in unserem Land der nur dem Namen nach allbekannte *Habicht* geworden. Er läßt sich im Herbst und Winter im ganzen Jagsttal sehen (Überwinterungsgebiet), brütend kennt ihn Herr Fuchs von der Kirchberger Gegend, „Brutverdacht" besteht fürs Brettachtal. Außer den schon genannten Brutvorkommen des *Sperbers* und des *Baumfalken* bei Hessenau kennt er je ein weiteres bei Beimbach und Bächlingen bzw. bei Unterregenbach.

1) Auch in Schriften aus den dreißiger Jahren (Kopp, Menrad) wird unser Raum als bevorzugtes Siedlungsgebiet des Roten Milans bezeichnet. Vgl. auch Feyhl.

Abb. 86 Wasseramsel.

Zu den größten Kostbarkeiten der Vogelwelt unseres Jagsttales mit seinen Seitentälern gehören *Eisvogel* und *Wasseramsel*, beide ans Wasser gebunden, beide unverkennbar, aber dennoch dem mit Vögeln nicht überdurchschnittlich vertrauten Wanderer wohl wenig auffallend. Denn rasch und niedrig schießen sie über das Wasser dahin, so daß dem geruhsamen Beobachter meist wenig Zeit bleibt, am ehesten noch dann, wenn die Wasseramsel auf Steinblöcken im Wasser knicksend Ausschau hält. Ich kenne sie vom Gronach-, Brettach- (unterhalb des Staues) und Rötelbachtal. Nach H. P. Fuchs befindet sich „fast an jeder Klingenmündung ein Brutplatz der Wasseramsel". Das Rötelbachtal rühmt er als besonders günstigen Lebensraum der Wasseramsel. Vom Eisvogel, jenem metallisch blaugrün schillernden „fliegenden Edelstein", der wie ein in unsere rauheren Breiten verirrter Tropenvogel erscheint, kennt H. P. Fuchs zwischen Kirchberg und Bächlingen die vergleichsweise stattliche Zahl von fünf bis sieben Brutpaaren, je ein weiteres im Brettachtal oberhalb des Rückhaltebeckens und im Flußabschnitt zwischen Eberbach und Buchenbach („Brutverdacht“ bei Unterregenbach), während ihm die übrigen Täler bzw. Talabschnitte weniger geläufig sind. Der Eisvogel ist auf Steilufer angewiesen wie sie der natürliche Fluß schafft, durch wasserbauliche Maßnahmen also in ganz besonderem Maße gefährdet.

An *Entenarten* hat die Jagst nicht viel zu „bieten“: Einziger Brutvogel ist nach H. P. Fuchs sowie Herrn H. Illich (Crailsheim), dem ich ebenfalls wertvolle Hinweise verdanke, die Stockente. An mehreren Mauserplätzen im Jagsttal lassen sich oft 200 - 300 Tiere beobachten. Einmal hat H. P. Fuchs sogar 350 gezählt (bei Elpershofen-Kleinforst). Auf dem Durchzug kehren regelmäßig Knäk-, Krick- und Tafelenten ein.

Es seien nun Angaben über einige weitere bemerkenswertere Vogelarten stichwortartig zusammengefaßt, wobei wir mit den an das Wasser oder an Uferbereiche gebundenen beginnen wollen:

Teichhuhn: Brutvogel in allen ruhig fließenden Strecken, aber keine hohe Bestandesdichte. *Bläßhuhn:* Brutvogel an den Staustrecken oberhalb der Wehre. Nicht häufig. *Wasserralle:* „Brutverdacht“ oberhalb Bächlingens und bei Diembot. *Zwergtaucher:* Oberhalb Hessenaus zwei Brutpaare, ein bis zwei Brutpaare oberhalb Hürdens (Fuchs). „Nicht häufig, aber regelmäßig“ (briefl. Mitt. v. H. Illich). Im Winter sind regelmäßig Zwergtaucher in der Jagst im Stadtbereich von Crailsheim zu beobachten. Feyhl: bei Bächlingen. *Drosselrohrsänger:* Von Feyhl bei Hohebach beobachtet (1959). *Sumpfrohrsänger:* Nach Fuchs als Brutvogel an der Jagst verbreitet. *Teichrohrsänger:* An gestauten Strecken mit Schilf. *Gebirgsstelze:* Vor allem in den Seitentälern und Klingen und an deren Ausmündungen, an der Jagst selbst seltener. *Rohrammer:* „Regelmäßig vertreten, aber nicht häufig“ (Fuchs mündl. Mitt.). „Selten“ (Illich, schriftl. Mitt.). Auf dem Durchzug regelmäßig zu beobachten sind *Flußuferläufer, Waldwasserläufer* und *Bekassine* sowie *Fischadler.*

Hohltaube: Außer an den schon genannten Stellen sehr wahrscheinlich auch im Naturschutzgebiet Bächlingen (nahe der Reiherkolonie). *Ringeltaube:* Häufiger Brutvogel, auch nach Feyhl. Auf dem Zug (Ende März) beobachtete ich sie bei Morstein in solcher Zahl, daß von weitem der Wald über ein großes Areal buchstäblich wie verschneit aussah. Es handelte sich sicher um Tausende. Der *Kuckuck* hat sich in den letzten Jahren seltener hören lassen als früher. *Waldkauz*: Verbreiteter Brutvogel. *Schleiereule:* Nur in Orten, stark zurückgegangen. *Mauersegler:* Außerhalb der Orte in aufgelassenen Steinbrüchen (nach H. Illich und eigenen Beobachtungen). *Schwarzspecht:* Zwischen Kirchberg und Bächlingen „nicht selten“ (Fuchs) als Brutvogel (u. a. in den drei Naturschutzgebieten dieser Talstrecke). *Mittelspecht:* Brutvogel in den drei genannten Naturschutzgebieten. *Kleinspecht:* Verbreiteter Brutvogel, vor allem im Laubwald. *Grün- und Grauspecht:* Verbreitet an offenen Hängen mit Baumgruppen und Einzelbäumen. *Heidelerche:* Selten. „Brutverdacht“ am Dünnersberg bei Mulfingen, auch nach Feyhl um Mulfingen wahrscheinlich brütend. Gehört zu den seltener gewordenen Vogelarten (vgl. Feyhl). *Pirol:* In Laubwäldern verhältnismäßig häufig. *Dohle:* Nach Feyhl brütend in Kirchberg, Langenburg, Buchenbach, Bartenstein. *Steinschmätzer:* Vom Verf. in den fünfziger Jahren regelmäßig bei der Heldenmühle beobachtet (Brutvogel). Obwohl Hölzinger und Mitarb. „Muschelkalkfelsen" unter den Schwerpunkten seiner Verbreitung nennen, ist weder den Herren Fuchs und Illich noch dem Verf. in den letzten Jahren ein Brutplatz in unserem Raum bekannt geworden. Nach Feyhl bei Hohebach 1958 mindestens ein Paar brütend. *Braunkehlchen:* Nach Feyhl um Ailringen, Hohebach, Dörzbach als Brutvogel. *Nachtigall:* Brutvorkommen von Jahr zu Jahr stark schwankend und im ganzen selten. Regelmäßig z. B. zwischen Hürden und Bächlingen brütend festgestellt. Ganz vereinzelt bis hinauf nach Crailsheim beobachtet. Gegen die tieferen, wärmeren Talstrecken häufiger werdend. (Weißsterniges) *Blaukehlchen:* Von H. Feyhl im April 1954 unterhalb der Dörzbacher Jagstbrücke beobachtet. *Feldschwirl:* „Einige Brutpaare" (Fuchs, mündl. Mitteilung) vor allem an quelligen Stellen mit Gebüsch. Feyhl nennt zwischen Bächlingen und Dörzbach 7 Orte. *Halsbandschnäpper:* „Verhältnismäßig häufig in naturnahen Laubwäldern" (Fuchs, mündl. Mitt.). *Raubwürger:* Kein Brutvogel mehr, aber im Winter zu beobachten.[1])

1) Noch ein paar Notizen aus der älteren Literatur. Fischer (1919, 1920 u. 1921), dessen Angaben sich auf Beobachtungen von H. Mürdel (Unterregenbach) beziehen, teilt über die Vogelwelt unseres Tales u. a. folgendes mit: Baumfalk (bei Langenburg), Nachtigall (Unterregenbach, Eberbach und Seitentäler) und Drosselrohrsänger (Unterregenbach) sind Brutvögel. Ohne ausdrücklichen Hinweis auf Brutvorkommen (jedoch Brut offensichtlich sehr wahrscheinlich): Roter Milan (bei Langenburg), Wasseramsel, Feldschwirl, Sumpfrohrsänger. Durchzügler: Weißsterniges Blaukehlchen (Unterregenbach), Seggenrohrsänger (Oberregenbach).

Sorgen um die Jagsttallandschaft

Man mag streiten, wann das Jagsttal und seine Seitentäler schöner sind. Ob im Frühjahr, wenn Fluß und Bäche ufervoll durch jugendfrisch grüne Auen rasch dahinfließen, ihr Rauschen und Blinken hell und weit durch die noch kahlen Wälder dringt und der kleinste, sonst übersehene Einschnitt am Talhang Wasser spendet. Oder im frühen Sommer, in der hohen Zeit des Waldes, wenn er in junger, aber voller Kraft steht, und der prächtige Türkenbund zu Tausenden in ihm leuchtet? Oder ist es am allerschönsten im Herbst, wenn zahllose Büsche, kleine Gehölze und Wälder die Hänge in leuchtende Farbenpracht tauchen, wenn die Wehmut des Abschieds das Tal durchwebt? Ja gewiß, zu keiner Zeit empfängt unser Tal den Wanderer mit größerem Zauber, keine kleidet seine alten Burgen und Schlösser besser.

Aber es bleibt uns nicht erspart, in den Genuß der herbstlichen Schönheit einige Tropfen Wermut zu träufeln. Vielleicht wird sich der Leser wundern: Dem Landschaftsschützer will bei ihr nicht recht froh werden. Denn mehr noch als auf den Wäldern beruht die Farbenpracht auf dem Gebüsch. Und allzu sehr beginnen Schlehen und der blutrot sich verfärbende Hartriegel, beginnen Liguster und Weißdorn, Hasel und Feldahorn sich auszubreiten. Weite Teile der Talhänge *verwildern!* Ein allgemeines Problem der Tallandschaften und Berghänge großer Bereiche Mitteleuropas, das im Jagsttal sogar verhältnismäßig spät sich in voller Schärfe äußerte. Noch in den sechziger Jahren haben die Bauern in trockenen, futterarmen Sommern steile, schon längere Zeit nicht mehr genutzte Hangwiesen gemäht. Nun schreitet die Verwachsung der Hänge des mittleren Jagsttales und seiner Seitentäler aber rasch voran. In den kleinen Tälern und neuerdings sogar an einigen Stellen des Haupttales hat sie auch schon die schmalen Gründe ergriffen. Wenn der Großvater stirbt, bleiben die Hangwiesen ungemäht. Die jüngere Generation beschränkt sich auf weniger beschwerlich zu nutzende Flächen, sofern sie nicht ganz in städtische Berufe abwandert.

„Verwilderung“

Wir dürfen das Jagsttal in einem besonders ansprechenden, reichen Zustand erleben. Sein Bild in früheren Jahrhunderten würde uns vielleicht als zu kahl erscheinen. Mit der herbstlichen Pracht unserer Zeit hätte es nicht wetteifern können. Aber dieses schöne, bunte Kleid ist das Sterbegewand einer alten, charaktervollen Kulturlandschaft! Am Ende der Entwicklung steht ein weithin bewaldetes Tal, zweifellos ein ungleich eintönigerer Anblick als heute. Eintöniger nicht nur landschaftlich, sondern auch biologisch. Denn so sehr Botaniker wie Zoologen das jetzige Übergangsstadium als naturnahe, biologisch reiche Landschaft, als „Ausgleichsfläche“ zur stark verkahlten Agrarebene begrüßen – der Endzustand ist an Mannigfaltigkeit der Lebensräume viel ärmer als die Landschaft der Gegenwart und sicher auch als die Kulturlandschaft von früher. Verschwunden sein im Wald werden die so ungemein charakteristischen Steinriegel. Es mag vielleicht überraschen, aber dem Natur- und Landschaftsschutz ist an der Erhaltung der überkommenen, reichen Kulturlandschaft kaum weniger gelegen als an den letzten Relikten völlig unberührter Natur. Viele natürlich anmutenden Flächen verdanken ihren Charakter und ihren biologischen Reichtum extensiver Nutzung. Manch' kostbare Pflanzenart verschwände aus Mitteleuropa völlig, viele Arten gingen sehr stark zurück, wenn nach dem Ende menschlichen Wirkens beim heutigen Klima Urwald nahezu das ganze Land bedeckte.

Abb. 87 Verwachsende Heide am Dünnersberg bei Mulfingen.

Noch ungleich mehr als die natürliche Wiederbewaldung müssen wir jedoch die *Aufforstungen* bedauern, die hier wie anderswo ganz überwiegend mit Nadelhölzern – meist Fichten – *Aufforstungen*

Abb. 88 Fichtenaufforstung im Talgrund bei der Barenhaldenmühle.

erfolgen. Verfichtete, monotone, düstere Tallandschaften an Stelle der lichten, abwechslungsreichen Bilder, zerstörte Lebensräume – das sind die Folgen der zumindest an steilen, trockenen Sonnenhängen und auf isolierten, schmalen Grundstücken auch vom rein wirtschaftlichen Standpunkt fragwürdigen Pflanzungen. Die Aufforstungswelle hat das Jagsttal vergleichsweise spät erreicht, später zum Beispiel als manche Teile des Kochertales, begann dann aber auch hier immer mehr auszuufern.

Wochenend- und Gartenhäuser

Die dritte „Folgeform“ der alten Kulturlandschaft, die *Garten-* und *Wochenendhausbebauung*, tritt im großstadtfernen Jagsttal noch ganz in den Hintergrund. Einzelne Gärten mit Gerätehütten oder an geeigneten Stellen auch Gartenhausgebiete brauchen vom Standpunkt des Landschaftsschutzes keineswegs von vornherein negativ gesehen zu werden. Sie verhindern immerhin eine völlige Verwachsung oder Aufforstung der Hänge und können daher durchaus Abwechslung in das Landschaftsbild bringen. Leider sind aber unsere überreichen Erfahrungen aus anderen Landesteilen vielfach recht unerfreulich. Mit dem im Neckarraum typischen „Güetle“ von früher haben die Wochenend- und Gartengrundstücke von heute oft wenig gemein. Dem städtischen Besitzer mangelt häufig der Wille oder einfach auch die Fähigkeit, sich der umgebenden Landschaft ein- oder gar unterzuordnen. Er bringt die Stadt aufs Land, verwandelt Obstwiesen und Heiden in städtische Vorgärten mit Terrassen und Kunststeinplatten, aufwendigen Toren, Vordächern aus grellfarbenem Kunststoff, exotischen Nadelhölzern und allem anderen Drum und Dran, und die als „Gerätehütten" genehmigten Gebäude wachsen nicht selten zu respektablen Wochenendhäusern heran.

Beweidung

Eine ausweglose Lage? Es gibt *eine* Lösung: Die Beweidung. Auf günstigeren Flächen mit Rindern, auf den im Jagsttal weit verbreiteten und den Naturschützern besonders wertvollen trockenen Hängen mit Schafen. Der Wanderer muß freilich besonderes Glück haben, wenn er im Jagsttal einer Schafherde begegnet. Nur mit Neid kann der Landschaftsschützer die Angaben über die Zahl der Schafe in den alten Oberamtsbeschreibungen lesen. Wie dornenvoll der Weg bis zur Ansiedlung eines Schäfers sein kann, das zeigt das jahrelange Tauziehen um den Bau eines Schafstalles weiter unten im Jagsttal, bei Schöntal. Seit langem ständiger Rückgang der Schäferei (der allerdings in jüngster Zeit zum Stillstand gekommen ist), Kleinparzellierung des Besitzes, Verständnislosigkeit vieler Bauern (die uralte „Erbfeindschaft" zwischen Seßhaften und Nomaden!) machen die Bemühungen um die Ansiedlung von Schäfern als „Landschaftspfleger" nicht einfach. Trotzdem sollte man nicht müde werden. Wenn sich gar keine Möglichkeit einer Nutzung gibt, so wäre aus der Sicht des Naturschutzes „Verwilderung" das ungleich kleinere Übel als Aufforstung, sprich Verfichtung. Jene führt letzten Endes zum natürlichen Laubmischwald[1]) zurück und wäre selbstverständlich überhaupt kein Übel, wenn sie sich auf begrenzte Flächen innerhalb einer noch intakten Kulturlandschaft beschränken und nicht weiteste Bereiche der Tallandschaft bedrohen würde.

Schafe

Rückhaltebecken

Zu geplanten *Hochwasserrückhaltebecken* im Jagsttal und in seinen Seitentälern, um die es zur Zeit ruhiger geworden ist, hat sich der Verfasser schon wiederholt geäußert. Man möge es ihm, der selbst mit Jagstwasser getauft wurde, nicht persönlich verübeln, wenn ihn der Gedanke an die vorgesehenen Becken im Haupttal oberhalb von Neidenfels, oberhalb von Lobenhausen und oberhalb Kirchbergs nach wie vor schreckt und ihn weitere in wasserwirtschaftliche Überlegungen einbezogene Becken-

1) Vgl. die großenteils sehr naturnahen Wälder vor allem auf Hängen im Hauptmuschelkalk, in denen Steinriegel die frühere, lange zurückliegende landwirtschaftliche bzw. weinbauliche Nutzung zeigen. Sie gehen häufig auf natürlichen Anflug zurück.

Abb. 89 Ungebändigt fließt die Jagst durch ihr enges Tal beim Baierlesstein.

standorte in verschiedenen Seitentälern und im Haupttal ebenfalls mit Sorgen füllen.

„Die Auswirkung der Hochwasser ist im Gebiet der Crailsheimer Bucht naturgemäß ganz anders als in dem tiefeingeschnittenen, gefällstarken Muschelkalktal der Jagst... Die Muschelkalktäler zeigen sich bei Hochwasser im allgemeinen harmloser, da fast alle den Ablauf der Hochwasser in der Crailsheimer Bucht behindernden Faktoren in Wegfall kommen. Die unterirdische Wasserabgabe wirkt sich darüberhinaus günstig aus." So lesen wir in der Kreisbeschreibung Crailsheim (1953, S. 11/12). Zahlreiche Rückhaltebecken im Bereich der oberen Jagst und an Nebenbächen des Mittellaufes (Brettach und Blaubach, Roggelshausener Bach, Ette, Rißbach) sollten schon heute die (von der Presse oft dramatisierte) Hochwassergefahr entscheidend verringern und damit auch ein angemessenes Scherflein zu ihrer Minderung am unteren Neckar beitragen. Bei der geringen Besiedlungsdichte des Einzugsgebietes der Jagst fällt die andernorts zu beobachtende Steigerung der Hochwassergefahr durch Überbauung, Asphaltierung usw. auf absehbare Zeit kaum ins Gewicht. Sollen die Generationen nach uns nirgendwo mehr eine unberührte Tallandschaft, einen in freier Kraft dahinströmenden Fluß erleben können? Muß dem gegenüber in einer immer mehr technisierten, an Erlebniswerten immer ärmer werdenden Welt das Streben nach perfekter Hochwasserverhütung nicht zurücktreten?

Flußbau

Auf kürzeren und auch längeren Strecken hat man der Jagst in den letzten drei Jahrzehnten ein künstliches Bett gebaggert bzw. ihr Bett künstlich ausgeformt, so u. a. bei Eichenau, Kleinforst, Oberregenbach, Unterregenbach, Heimhausen, Mulfingen und Ailringen. Mag Bepflanzung, sofern sie mit bodenständigen Gehölzen erfolgt – was nicht immer der Fall – für das Landschaftsbild die Eingriffe mildern, so bleibt doch der Verlust an natürlichen Lebensräumen für Fische, Vögel und eine überaus vielgestaltige Kleinlebewelt. Der Gedanke, daß alles Werk menschlicher Technik in der geologischen Geschichte des Tales nur eine Augenblickserscheinung ist, bietet nur wenig Trost. Das schon lange angekündigte Umdenken in der Wasserwirtschaft hat aber nun doch Platz gegriffen. Hoffen wir daher, daß die genannten Regulierungen die letzten gewichtigeren an unserer Jagst waren! Und daß „Unterhaltungsarbeiten" sich nicht zum Ausbau summieren!

Steinbrüche

Die Bedrohung des Albrandes bei Neuffen durch den riesigen Steinbruch am Hörnle hatte Politiker, Verwaltungsspitzen und Presse beschäftigt. Die Zerstörung mancher Teile des Jagsttales durch *Steinbrüche* vollzog sich lange Zeit gewissermaßen unbemerkt und wie selbstverständlich. Daß man mich nicht falsch verstehe: Niemand zweifelt an der Notwendigkeit, Steine abzubauen, auch sind Steinbrüche aus der Sicht des Naturschutzes keineswegs nur negativ zu beurteilen.[1]) Der Geologe schätzt sie als „Aufschlüsse“, als wesentliche Voraussetzung für die Erforschung der Geschichte unserer Erde, ihrer Lebewelt und ihrer Oberflächenformen. Aufgelassene Steinbrüche können sich zu wertvollen Lebensräumen entwickeln. Der große Schilfsandsteinbruch beim Heilbronner Jägerhaus wurde auf unseren Antrag unter Naturschutz gestellt! Naturhaft, als landschaftli-

Abb. 90 Verwachsener alter Steinbruch bei der Teufelsklinge. (Hauptmuschelkalk.)

che Bereicherung wirken viele verwachsene Sandsteinbrüche des Keuperberglandes und auch alte, kleine Muschelkalkbrüche, so im mittleren Jagsttal z. B. am oberen Eingang zur Teufelsklinge bei Crailsheim, am nördlichen Jagsttalhang oberhalb der Gronachmündung, am Hohenaltenberg gegenüber von Lobenhausen, auf dem Mistlauer Umlaufberg und an vielen anderen, längst überwachsenen, nur noch dem Ortskundigen bekannten Stellen. Aber die stürmische Entwicklung der letzten Jahrzehnte sprengte die alten Maße. Die riesigen Brüche im Hauptmuschelkalk bei der Heldenmühle, bei der Barenhaldenmühle, unterhalb von Neidenfels, im Schmiedebachtal unterhalb von Tiefenbach, im Brettachtal unterhalb Brettenfelds sowie im Blaubachtal unterhalb Blaufeldens werden Jahrzehnte hinaus klaffende

1) Vgl. z. B. Linck (1956), Mattern und Schmidt (1970).

Abb. 91 Die Heldenmühle mit Steinbruch am Eingang des Muschelkalktales unterhalb von Crailsheim.

Wunden bleiben.[1]) Stärker noch als die senkrechten Wände wirken jedoch vielfach die Abraummassen, so in besonderem Maße unterhalb der Barenhaldenmühle, wo sie die schmale Talaue blockieren, sowie unterhalb von Tiefenbach, im Gebiet Neidenfels - Kernmühle und bei Brettenfeld, wo sie als riesige Halden das Landschaftsbild geradezu prägen.[2])

Trotzdem mußten wir bei der Abgrenzung des Landschaftsschutzgebietes den von den örtlichen Behörden unterstützten Wünschen der Steinbruchbesitzer weitestgehend Rechnung tragen, ist es doch angesichts der beträchtlichen Investitionen außerordentlich schwierig, einen alten, lange vor Bestehen bau- oder naturschutzrechtlicher Genehmigungspflicht gegründeten Steinbruchbetrieb zu verlagern. Auch konnte die Armut dieses Gebietes an Gewerbe und Industrie nicht unberücksichtigt bleiben. Aber Auflagen zu landschaftsschonendem Abbau werden hier wie anderswo unerläßlich sein, z. B. zur Erhaltung von Sichtkulissen und unauffälligen Lagerung des Abraums–

1) Verhältnismäßig versteckt liegen die großen Brüche bei Erkenbrechtshausen und, soweit dort überhaupt möglich, bei Kirchberg.

2) Die Halden bei Tiefenbach und Brettenfeld sind in jüngster Zeit auf Anregung des Verf. mit Mitteln des Naturschutzfonds beim Ernährungsministerium, der Stadt Crailsheim und der Firma Schön und Hippelein ganz bzw. teilweise beseitigt worden.

Abb. 92 Steinbruch bei der Barenhaldenmühle.

möglichst in stillgelegten Teilen der Brüche – sowie zur Wiederbegrünung. (Ohne landschaftsgärtnerische Kunststücke! Vieles heilt die Natur, läßt man sie gewähren, selbst wieder aus!) In den letzten Jahren sind bereits erfreuliche Fortschritte in dieser Richtung gelungen. Auch ließ sich verhindern, daß der Talsporn

Abb. 93 Steinbruch bei Neidenfels.

zwischen Barenhalden- und Neumühle (Neiselwald) durchbrochen wurde. Auf die fernere Zukunft wird man sich mit dem Gedanken vertraut machen müssen, den Schwerpunkt des Abbaues auf die Hochfläche zu verlegen, wenn ihm nicht beträchtliche Teile des Jagsttales zum Opfer fallen sollen.

Autobahn

Über die *Autobahn* Weinsberg–Nürnberg Kritisches sagen, heißt, sich bei den maßgebenden Leuten Hohenlohes geradezu mutwillig als Gesprächspartner zu disqualifizieren. Und doch: Muß es nicht nachdenklich stimmen, daß in Großstadtnähe, im Gebiet Berglen–Remstal–Schurwald, breite Kreise sich gegen eine geplante Autobahn wehren, während man sie im Hohenlohischen sehnlichst herbeigewünscht hat? Ist die „konservativere" – weil auf sehr viel mehr Erfahrung mit den Folgen der übersteigerten technischen Entwicklung beruhende – Einstellung nicht auf die Dauer gesehen die „fortschrittlichere"? Ist nicht eine weitgehend auf den Individualverkehr ausgerichtete Verkehrspolitik in vieler Hinsicht fragwürdig geworden?

Mußte man nach Lage der Dinge den Bau der Autobahn durch das Hohenloher Land seit langem als unaufhaltsam hinnehmen, so war zunächst wenigstens die Hoffnung geblieben, die Überquerung des Jagsttales könne an landschaftlich weniger wertvoller Stelle als vorgesehen erfolgen. Denn ausgerechnet im unberührtesten Abschnitt, bei der ehemaligen Gaismühle kurz unterhalb der Gronachmündung, wird die Autobahn das Tal kreuzen. Und obendrein noch die Gronachschlucht sowie das östlich anschließende alte Umlauftal der Jagst! Der „Aktionskreis Mittlere Jagst" hatte Vorschläge für eine Linienführung oberhalb der Gronachmündung ausgearbeitet. Sie fanden die volle Unterstützung der Naturschutzstellen, wäre doch die Gronachschlucht mit altem Tal unberührt geblieben und das Jagsttal oberhalb der Gronachmündung, in einem bereits von Steinbrüchen belasteten Bereich, gequert worden. Doch hat sich diese Hoffnung aus verschiedenen Gründen nicht erfüllt. So blieb als letztes der Wunsch nach möglichst landschaftsschonender Ausführung der Brücken. Ihm wurde dankenswerterweise Rechnung getragen. Trotzdem werden, wenn diese Zeilen erscheinen, technische Bauwerke Jagsttal und Gronachtal beherrschen, eine der unberührtesten Talpartien im nördlichen Württemberg wird ihres jungfräulichen Zaubers beraubt sein, des Flusses Rauschen im Lärm des jagenden Verkehrs untergehen.[1])

1) Vgl. Anmerkung auf S. 174.

Straßenbau *Straßenbau* als Motor stärkerer wirtschaftlicher Entwicklung, dieser Gedanke dürfte wie bei manch anderen Straßen Hohenlohes auch beim Ausbau der Talstrecke um Mulfingen Pate gestanden sein. Die autofahrenden Bewohner des mittleren Neckarraumes können derart glänzende Straßenverhältnisse – im Vergleich zur Bevölkerungsdichte – nur mit Neid betrachten! Und man möge den Naturschützern nicht verargen, wenn sie hoffen, daß ein so perfekter Straßenausbau nicht weiter das Tal hinauf vordringt, daß vor allem der Bereich Bächlingen – Elpershofen hiervon unberührt bleibt. Das kleine Sträßchen dort genügt vollauf dem geringen Verkehr und es ist ganz unnötig, die Möglichkeiten des Motors überall auszuschöpfen! Zur großen Verkehrsader hat nun einmal die Natur unser Tal nicht geschaffen!

Bauliche Entwicklung und Belastung

Läge das Jagsttal in einem „Ballungsgebiet“, so hätte der *Verbauung* in unserer „Liste der Gefahren“ der erste Platz gebührt. *Glückliches Land, das noch weite Flächen ohne Betonburgen und ohne Straßenlärm, noch klare Bäche und Lüfte, noch Dörfer kennt!* Viele Hohenloher und namentlich viele örtlichen Politiker denken freilich anders. Man fühlt sich von der Entwicklung „abgehängt“, man neidet dem Neckarraum sein wirtschaftliches Wachstum, das sich in Zahlen so eindrucksvoll und in der Landschaft so schauerlich widerspiegelt, dessen vielfältige Problematik in ihrer ganzen Schwere man zu übersehen scheint. Dabei haben sich die am Rand der engen Muschelkalkstrecken des Jagsttales und des Brettachtales gelegenen größeren Orte durchaus recht kräftig baulich entwickelt, so Kirchberg, Rot am See, Gerabronn und Langenburg, von Crailsheim ganz zu schweigen. Einige haben sich in den letzten zwei bis drei Jahrzehnten zwar nicht an Bevölkerungszahl, wohl aber an überbauter Fläche gut verdoppelt.

Auch eine weitere Entwicklung müßte sich auf diese Orte konzentrieren bzw. ganz beschränken. Die engen, vielgewundenen Täler selbst bieten einfach von Natur aus keinen Raum für stärkere Besiedlung, weder ihre mehr oder weniger schmalen Sohlen noch ihre steilen Hänge. Wo die Häuser den Hang „hinaufklettern“, entstehen oft recht unbefriedigende Dorf- und damit auch Landschaftsbilder. Einige Orte im durchschnittlich breiteren, also im Vergleich zum Jagsttal noch eher siedlungsgünstigen Kochertal unterhalb von Hall zeigen dies recht deutlich. Durch die hohe Lage und in manchen Fällen auch durch betont modische Bauweise stören die neuen Häuser die bisher abgerundeten, geschlossenen Dorfbilder und treten weithin im Tal beherrschend in den Blick. Von den beiden stärker gewachsenen Orten im Jagsttal, Dörzbach und Mulfingen, findet der erstere in verhältnismäßig breiter Talsohle zwanglos Raum für eine gewisse Ausdehnung. Mulfingen dagegen hat aus der Sicht des Landschaftsschutzes seinen „Sättigungsgrad“ bald erreicht.

An einzelnen, zum Teil recht drastischen baulichen Mißgriffen fehlt es selbstverständlich auch im Jagsttal nicht. Ein eindrucksvolles Beispiel dieser Art ist der Langenburger Wasserturm, der die Form einer Handgranate recht treffend wiedergibt. Er besitzt das für einen solch „modernen“ Bau stattliche Alter von über zwei Jahrzehnten, reicht also in eine Zeit zurück, da man vielfach noch wesentlich „gemäßigter“ baute. Übertriebenem „Antihistorismus“ verdankt dieser zwar von Altstadt und Schloß entfernte, von Westen her jedoch unmittelbar zusammen mit dem Schloß in den Blick tretende Bau seine Form in maßgebender Weise mit. Wohl niemand wird die Lage des Gewerbebetriebs am Ausgang des Ettetales – mitten in freier Landschaft – glücklich finden, der aus kleinem Ansatz zu respektabler Größe herangewachsen ist. Weshalb muß das große Industriegebäude am Ortsrand von Dörzbach in knallroter Farbe prangen? Oder da wäre das betont moderne, fast großstädtisch anmutende Schulhaus von Mulfingen, glücklicherweise nur von einem kleinen Teil des Haupttales her ins Auge fallend. Oder das dreistöckige, langgestreckte Flachdachgebäude – samt einigen extravagant modischen Bungalows – im Kirchberger Neubaugebiet, gewiß von Tal und Altstadt abgerückt, aber sich doch der Jagsttallandschaft und der weiten Hohenloher Ebene von vielen Blickpunkten her sehr störend mitteilend. Das gilt selbst für die Crailsheimer Hochhäuser. Sogar vom Bärenstein aus erscheint gegen Südosten, etwa über dem Baierlesstein, einer dieser Kolosse, durch die Entfernung stark gemildert, aber doch den herrlichen Blick beeinträchtigend. Manchmal könnte man meinen, Architekten und Städtebauer seien sich der außerordentlichen Wirkung ihrer „Dominanten“, weit über die jeweilige Siedlung hinaus, gar nicht bewußt gewesen.

Gefahren durch Betonklötze bestanden – man glaubt es heute kaum noch – für Langenburg und Hornberg. Einige fünf- bis sechsstöckige „Geschoßbauten“ sollten in Langenburg entstehen. (Erfreulicherweise hat die Stadt auf die Ausführung des bereits genehmigten Bebauungsplanes verzichtet.) Zur ärgsten Verschandelung der Jagsttallandschaft wäre aber ein achtstöckiges Gebäude an einer ihrer schönsten Stellen geworden: Es war in herausgehobener Lage, am Rande des kleinen Burgdorfes Hornberg vorgesehen. Beklemmend genug, daß Derartiges überhaupt ernstlich ins Auge gefaßt werden konnte. Zu solchen Auswüchsen hatte sich der Hochhauswahn der frühen siebziger Jahre verstiegen! Wenig in das Siedlungsbild des Jagsttales passend und in unharmonischem Gegensatz zum alten Dorf stehend, will mir die neue Siedlung gegenüber von Buchenbach dünken. Auch die in den letzten anderthalb Jahrzehnten über dem alten Weiler am Hang entstandenen Gebäude von Elpershofen würde man in der Landschaft nicht missen. Schwarze Dächer und (seltener) schwarze Wandverschalungen, neueste Mode im Hausbau, machen sich seit vier, fünf Jahren in vielen Jagsttalorten breit. Sie sind unserer Landschaft fremd und verstärken den Gegensatz zwischen alten und neuen Siedlungsteilen. Ihre große Zahl zeigt erstaunlich starke Bautätigkeit in dieser so oft als benachteiligt beklagten Gegend!

Auch wenn die meisten Kleinstädte, Dörfer und Weiler des Jagsttales im Gesamtbild ihren Charakter bewahrt haben, so vollzieht sich hier doch dasselbe wie überall bei uns in ländlichen

Abb. 94 Nochmals ein Blick auf Burleswagen…

Abb. 95 ... und auf Schloß Langenburg ob der Jagst.

Gebieten, langsamer zwar als in manchen anderen Landesteilen, aber gleichwohl unaufhaltsam: Einzelne wertvolle alte Gebäude werden zwar in vorbildlicher Weise renoviert, aber zahlreiche alte Bauernhäuser machen rein „vorstädtisch“ anmutenden Wohngebäuden Platz, die hochgiebeligen Scheuern modernen Wirtschaftsgebäuden mit flach geneigtem Dach, manch schöner

Fachwerkbau verschwindet, aus Bauerngärten werden gepflegte Rasen und städtisch anmutende Vorgärten, Blautannen und Serbische Fichten verdrängen Holunderbüsche, Betonmauern den bodenständigen Muschelkalk. Selbst vor Unterregenbach macht diese Entwicklung nicht halt.

Dialekt

Hand in Hand damit geht ein allmählicher Zerfall des zum Ostfränkischen gehörenden *Dialektes*. Mag er hier noch geringer sein als in anderen Teilen Württembergisch Frankens, so teilt er sich doch auch dem Nichtfachmann unverkennbar mit. Ganz außerordentlich gesteigerte Beweglichkeit und Durchmischung, Einflüsse des Fernsehens, Einflüsse der meist ein „verflachtes" Schwäbisch oder mit wechselndem Glück hochdeutsch redenden Lehrer und Kindergärtnerinnen, mangelnder Selbstbehauptungswillen gegenüber dem als „vornehmer" empfundenen „Honoratioren-Schwäbisch" sowie erst recht gegenüber dem mehr oder weniger hochdeutsch Sprechenden, aber auch bewußte Abkehr der jungen Generation vom Überkommenen wirken zusammen. Diese Überfremdungen werden mit Sicherheit weiter wachsen. Verlust eigenständiger Züge der Landschaft und des Volkstums, weitgehende Uniformierung, werden sie auch im Jagsttal am Ende der modernen Entwicklung stehen, unausweichlich?

Anmerkung.
Das Manuskript wurde im wesentlichen 1976 abgeschlossen. Einzelne Nachträge bis 1979.

Abb. 97 Das vielgewundene Jagsttal bei Kirchberg.
Freigegeben vom Regierungspräsidium Stuttgart Nr. 2/34041

Literatur

Vorbemerkung. Es ist selbstverständlich, daß hier nur eine Auswahl einschlägiger Literatur genannt wird, die nicht frei von Willkür sein kann. Sie beschränkt sich weitgehend auf die im Text und in den Fußnoten genannten Schriften, in denen sich z. T. Hinweise auf weitere unser Gebiet berührende Aufsätze finden. „Der Kreis Schwäbisch Hall" (erschienen in der Reihe „Heimat und Arbeit", 1976) sowie Clauß, H., H.-J. König u. U. Pfistermeister: Kunst und Archäologie im Kreis Schwäbisch Hall, 1979, wurden nicht mehr berücksichtigt. (Vgl. Anmerkung auf S. 174.)

Adelmann, G. S. Graf u. M. Schefold (1969): Burgen und Schlösser in Württemberg und Hohenzollern. 2. Aufl., 220 S. Frankfurt.

Anonymus (1859): Ein Altarschrein in Mistlau bei Kirchberg a. d. Jagst. – Wirtbg. Franken 5, H. 1, S. 118–121.

Anonymus (1911): Die Reiherhalde Morstein. – Blätter d. Schwäb. Albvereins 23, Nr. 8, S. 265/266. – Außerdem ersch. in den Blättern d. Württ. Schwarzwald-Vereins „Aus dem Schwarzwald" 19, Nr. 8 (1911) u. in: Württ. Landesausschuß für Natur- und Heimatschutz 1, S. 6 (1911).

Anonymus (1911): Die Reiherhalde von Morstein, O. A. Gerabronn. – Schwäb. Kronik (= Literarische Beil. z. Schwäb. Merkur) Nr. 205, S. 5/6.

Anonymus (1935): Die alte Jagstbrücke in Bächlingen. – Schwäb. Heimatbuch 21, S. 134. (Aufnahmen von Martin Mayer.)

Armbruster, Th. (1958): Die Vogelwelt in Hohenlohe–Franken. – Hohenloher Chronik vom 8. März 1958, S. 4.

Bachmann, G. H. u. M. P. Gwinner (1971): Nordwürttemberg. – Sammlung Geologischer Führer 54, 168 S. Berlin u. Stuttgart.

Baier, F., P.-G. Däumling u. W. Zeuner (1970): Als Flußlandschaft abgeschrieben? – Broschüre. Crailsheim.

Bauer, C. F. (o. J.; ca. 1830): Materialien zu einer Flora der Fürstenthümer Hohenlohe und Mergentheim. – Unveröfftl. Manuskript beim Staatl. Museum f. Naturkunde in Ludwigsburg, rekonstruiert v. S. Seybold.

Bauer (ohne Ang. d. Vorn.; 1837): Mergentheim und seine Umgebung in topographischer und geognostischer Hinsicht. – Württ. Jahrbücher Jg. 1836, H. 2, S. 116–152. (St. Wendel auf S. 140/141.)

Bauer, H. (1859): Buchenbach. – Wirtbg. Franken 5, H. 1, S. 40–49.

Bauer, H. (1868): Die Ruinen von Lobenhausen, Werdeck u. Flügelau. – Ebenda 8, H. 1, S. 110–112.

Baur, K. (1935): Wärmeliebende Pflanzen im Jagsttal. – Blätter d. Schwäb. Albvereins 47, Nr. 6, S. 135/136.

Baur, K. (1938): Eine botanische Wanderung durch das Gronachtal. – Blätter d. Schwäb. Albvereins 50, Nr. 6, S. 90/91.

Bayerisches Landesamt für Wasserwirtschaft München (Hrsg.; 1975): Deutsches Gewässerkundliches Jahrbuch, Donaugebiet. Abflußjahr 1970. 165 S.

Bayerisches Landesamt für Wasserwirtschaft München (Hrsg.; 1976): Deutsches Gewässerkundliches Jahrbuch, Rheingebiet, Abschnitt Main. Abflußjahr 1971.

Becker, E. (1960): Zur geographischen Verbreitung und Ökologie der tricladen Turbellarien in Württemberg. – Jahresh. Ver. vat. Naturk. in Württ. 115, S. 267–305.

Bilfinger, L. (1892): Ein Beitrag zur Rotatorienfauna Württembergs. – Ebenda 48, S. 107–118.

Blezinger, R. (1884): Pflanzen. – In: Beschreibung des Oberamts Crailsheim, S. 43–59. Hrsg. v. d. Königl. statist.-topogr. Bureau. Stuttgart.

Blezinger, R. (1888): Viola elatior Fr. im Jagstthale. – Jahresh. Ver. vat. Naturk. in Württ. 44, S. 304.

Bossert, G. (1883): Die Reiherhalde bei Morstein 1570–93. – Württ. Vierteljahresh. f. Landesgesch. 6, S. 146–153.

Buck, H. (1956): Zur Verbreitung einiger Gruppen niederer Süßwassertiere in Fließgewässern Nordwürttembergs (Spongiae, Bryozoa, Turbellaria partim, Oligochaeta partim, Hirudinea, Mollusca, Crustacea partim, Ephemeroptera). – Jahresh. Ver. vat. Naturk. in Württ. 111, S. 153–173.

Buck, H. (1957): Zur Verbreitung mehrerer Käferfamilien in Fließgewässern Nordwürttembergs. – Ebenda 112, S. 224–237.

Buck, H. (1959 a): Biologische Flußüberwachung. Ergebnisse 1953–1958. Land: Baden-Württemberg. Regierungsbezirk: Nordwürttemberg, 135 S. Hrsg. v. Regierungspräsidium Nordwürttemberg. Stuttgart.

Buck, H. (1959 b): Zur Verbreitung der Kieselalgen in den Fließgewässern Nordwürttembergs. – Jahresh. Ver. vat. Naturk. in Württ. 114, S. 96–131.

Buck, H. (1961): Zur Verbreitung der Ciliaten in den Fließgewässern Nordwürttembergs. – Ebenda 116, S. 195–217.

Büller, H. (1927): Vom Hohenloher Land. – Blätter d. Schwäb. Albvereins 39, Nr. 1, S. 8–10.

Büttner, Keerl u. Fischer (ohne Ang. d. Vorn.; Hrsg.; 1790): Fränkisches Archiv 2. Ansbach. – Hierin auf S. 204–212 der Aufsatz (ohne Autorangabe): Von einer merkwürdigen Gegend im Hohenlohischen.

Carlé, W. (1950): Geotektonische Übersichtskarte der Südwestdeutschen Großscholle. Maßstab 1:1000000. Mit Erläuterungen (32 S.). Stuttgart. Hrsg. v. d. Geol. Abt. d. Württ. Statist. Landesamtes.

Carlé, W. (1955): Bau und Entwicklung der Südwestdeutschen Großscholle. – Beih. z. Geol. Jahrb. 16, 272 S. Hannover.

Carlé, W. (1955): Der Bergrutsch bei der Lobenhäuser Mühle. – Hohenloher Tagbl. Crailsheim.

Carlé, W. (1961 a): Das Alaun-Vitriol-Werk in Crailsheim. – Jahresh. geol. Landesamt Baden-Württ. 4, S. 265–284.

Carlé, W. (1961 b): Die Geschichte des Alaun-Vitriol-Werkes zu Crailsheim. – Württ. Franken 45 (N. F. 35), S. 75–101.

Carlé, W. (1963): Die Saline im Brettachtal bei Gerabronn. – Ebenda 47 (N. F. 37), S. 149–190.

Carlé, W. (1966 a): Das neue Langenburger Mineralwasser. Eine geologisch-balneologische Betrachtung. – Frankenspiegel 18, Nr. 13. Gerabronn.

Carlé, W. (1966 b): Das salinare Mineralwasser bei Langenburg (Landkreis Crailsheim). – Jahresh. geol. Landesamt Baden-Württ. 8, S. 87–104.

Carlé, W. (1969): Aus der Frühzeit und Spätzeit der Saline Gerabronn. – Württ. Franken 53 (N. F. 43), S. 80–92.

Cloos, W. (1957): St. Wendel am Stein. – Die Christengemeinschaft 29, S. 51/52.

Deutscher Wetterdienst (1953): Klima-Atlas von Baden-Württemberg. 75 Karten, 9 Diagramme und Erläuterungen. Bad Kissingen.

Dienel, W. M. (1975): Fahren, Schauen, Wandern. Reiseführer für den Landkreis Schwäbisch Hall. 2. Aufl., 128 S. Kirchberg.

Dienel, W. M. (1977; 3. Aufl.): Schloß Langenburg. 18 S. Text, 15 S. Abb. Kirchberg/Jagst u. Krautheim.

Doerstling, S. (1959): Das Schloß Langenburg in Hohenlohe. – Württ. Franken 43 (N. F. 33), S. 5–51.

Dornfeld, J. (1868): Die Geschichte des Weinbaues in Schwaben. – 272 S. Stuttgart.

Dornfeld, J. (1870): Die Topographie des württembergischen Weinlandes. 8. Das Jagstthal. – Württ. Jahrbücher f. Statistik u. Landesk. Jg. 1869, S. 440–453. Stuttgart 1870.

Düll, R. (1969/72): Moosflora von Südwestdeutschland. – Mitt. bad. Landesver. Naturk. u. Naturschutz e. V. Freiburg N. F. 10.

E., E. v. (1909): Der Reiherkrieg im Jagsttale. – Stuttgarter Neues Tagblatt vom 4. Mai 1909, Nr. 102, S. 7/8.

Ehrendorfer, Fr. (Hrsg.; 1973): Liste der Gefäßpflanzen Mitteleuropas. 2. Aufl., 318 S. Stuttgart.

Eichler, J., R. Gradmann u. W. Meigen (1905–1926/27): Ergebnisse der pflanzengeographischen Durchforschung von Württemberg, Baden und Hohenzollern. – Beil. z. d. Jahresh. Ver. vat. Naturk. in Württ. (I 1905, II 1906, III 1907, IV 1909, V 1912, VI 1914, VII 1926/27).

Engel, Th. (1911): Geologischer Exkursionsführer durch Württemberg. VIII u. 182 S., 82 Abb. Stuttgart.

Erffa, W. Frh. v. (1937): Die Dorfkirche als Wehrbau. 194 S. Stuttgart. – (In: Darstellungen aus der Württ. Geschichte 28. Hrsg. v. d. Württ. Kommission f. Landesgeschichte.)

Erffa, W. Frh. v. (1938): Wehrhafte Dorfkirchen in Württembergisch Franken. – Württ. Franken N. F. 19 (1937/38), S. 55–104.

Ermeling, H. (1951): Mäander im flachgeneigten Schichtgestein. Ein Beitrag zum Mäanderproblem am Beispiel des Neckars und seiner Nebenflüsse. 82 S. – Diss. Mainz.

Eßlinger, K. (1930): Heimatkundliche Geschichte von Stadt und Oberamt Gerabronn. 318 S. Gerabronn.

Faber, A. (1933): Pflanzensoziologische Untersuchungen in Süddeutschland. Über Waldgesellschaften in Württemberg. – Bibliotheca Botanica 108, 66 S.

Faber, A. (1936): Über Waldgesellschaften auf Kalksteinböden und ihre Entwicklung im Schwäbisch-Fränkischen Stufenland und auf der Alb. – Versammlungsber. 1936 d. Landesgruppe Württ. d. Deutschen Forstver., 53 S.

Fehring, G. P. (mit Beiträgen zahlreicher anderer Autoren; 1972): Unterregenbach – Kirchen, Herrensitz, Siedlungsbereiche. – Forschungen u. Berichte d. Archäologie d. Mittelalters in Baden-Württ. 1, 311 S., 117 Taf., 84 Beil.

Fehring, G. P. (1973): Unterregenbach an der Jagst. – In: Führer zu vor- und frühgeschichtlichen Denkmälern 24, S. 197–210.

Fehring, G. P. (1974): Unterregenbach an der Jagst. – In: Große Baudenkmäler H. 201, 2. Aufl., 16 S. München und Berlin.

Feyhl, H. (1965): Beobachtete Vogelarten in Hohenlohe und Umgebung (Nordwürttemberg) 1958–1965. Damit in Zusammenhang: Die Vogelwelt in Hohenlohe und Umgebung. Eine Bestandsaufnahme 1958–1963. Hektographierte Manuskripte. Waldenburg.

Fischer, F. (1973): Höhle bei St. Wendel zum Stein nahe Dörzbach. – In: Führer zu vor- und frühgeschichtlichen Denkmälern 24, S. 181–184.

Fischer, I. (1934): Vom Burgberg ins Frankenland. – Blätter d. Schwäb. Albvereins 46, Nr. 8, S. 184–186.

Fischer, W. J. (1919): Neues zur württembergischen Vogelfauna. – Jahresh. Ver. vat. Naturk. in Württ. 75, S. 143–148.

Fischer, W. J. (1920 u. 1921): Zur Vogelfauna Württembergs I u. III. – Mitt. über d. Vogelwelt 18, Nr. 3/4, S. 37–40 und 20, Nr. 1/2, S. 15–17.

Flohn, H. (1935): Beiträge zur Problematik der Talmäander. – Frankfurter Geographische Hefte 9, H. 1, 96 S.

Fraas, E. (1892): Begleitworte zur geognostischen Specialkarte von Württemberg 1: 50 000. Atlasblätter Mergentheim, Niederstetten, Künzelsau und Kirchberg. 27 S.

Fraas, O. (1889): Über Grenzlinien in der Trias. – Jahresh. Ver. vat. Naturk. in Württ. 45, S. 56–58.

Frank, M. (1930): S. unter Württ. Statist. Landesamt.

Gennerich, E. (1907): Die Flüsse Deutschlands. – Zeitschr. Gewässerk. 8, S. 203–283 u. 285–370.

Geyer, D. (1894): Über die Verbreitung der Mollusken in Württemberg. – Jahresh. Ver. vat. Naturk. in Württ. 50, S. 66–141.

Geyer, D. (1903): Malakologische Streifzüge in Württemberg. – Ebenda 59, S. 315–324.

Geyer, D (1904): Beiträge zur Vitrellenfauna Württembergs. – Ebenda 60, S. 298–334.

Geyer, D. (1907): Beiträge zur Vitrellenfauna Württembergs IV. – Ebenda 63, S. 385–417.

Geyer, D. (1908): Die Lartetien (Vitrellen) des süddeutschen Jura- und Muschelkalkgebietes. – Zoolog. Jahrb., Abt. f. Systematik, Geographie und Biologie der Tiere 26, S. 591–620.

Geyer, D. (1927): Unsere Land- und Süßwasser-Mollusken. Einführung in die Molluskenfauna Deutschlands. 3. Aufl., 224 S., 33 T. Stuttgart.

Geyer, O. F. u. M. P. Gwinner (1968): Einführung in die Geologie von Baden-Württemberg. 2. Aufl., 228 S., 11 T. Stuttgart.

Gradmann, E. (1907): Jagstkreis I. – In: Die Kunst- und Altertumsdenkmale im Königreich Württemberg. Hrsg. v. E. v. Paulus v. E. Gradmann. Eßlingen.

Gradmann, E. (1926): Weinbau und Landschaft. – Württ. Studien. Festschrift zum 70. Geburtstag von Prof. Eugen Nägele, S. 233–242. Stuttgart.

Gradmann/Meckseper (1970): Kunstwanderungen in Württemberg und Hohenzollern. Begr. v. E. Gradmann unter Mitwirkung von H. Christ und H. Klaiber. 4. Aufl., völlig neu bearb. v. C. Meckseper. 512 S., 108 T. Stuttgart.

Gradmann, R. (1913): Das ländliche Siedlungswesen des Königreichs Württemberg. – Forsch. z. deutschen Landes- u. Volksk. 21, H. 1, S. 1–136.

Gradmann, R. (1914): Die städtischen Siedlungen des Königreichs Württemberg. – Ebenda 21, H. 2, S. 141–225.

Gradmann, R. (1928): Durchbruchsberge. – Jubiläums-Sonderband d. Zeitschr. d. Ges. f. Erdk. z. Berlin, S. 274–283.

Gradmann, R. (1931): Süddeutschland. 2 Bde. 215 u. 553 S. Stuttgart. (Unveränderter Nachdruck 1956, Darmstadt.)

Gradmann, R. (1936, 1950): Das Pflanzenleben der Schwäbischen Alb, 1. Bd., 3. u. 4. Aufl., 470 S., 68 T. bzw. 449 S., 74 T. Stuttgart.

Gräter, C. (1970): Steinriegel im Tauber-, Jagst- und Kochertal. – Blätter d. Schwäb. Albvereins 76, Nr. 3, S. 75/76.

Gräter, C. (1973): Die Morsteiner Reiherhalde. – Beitr. z. Landesk. (Regelm. Beil. z. Staatsanz. f. Baden-Württ.) Nr. 6, Dez. 1973, S. 12/13.

Gräter, F. D. (1814): Kurze alterthümliche Bemerkungen auf einer Amtsreise. 2. Morstein. – Idunna und Hermode. Eine Alterthumszeitung auf das Jahr 1814, Nr. 52, S. 207.

Graß, W. (1935): Der Wald im nördlichen Württemberg. – Stuttgarter Geogr. Studien Reihe A, 44, VII u. 73 S.

Grünenwald, E. (1954): Schloß Kirchberg an der Jagst. – Württ. Franken N. F. 28/29. Jahrb. Histor. Ver. f. Württ. Franken 1953/54, S. 178–224.

Günther, A. (1913): Die Heilige und ihr Narr. Roman. 1. Aufl. Stuttgart.

Hahn, H. (1956): Die deutschen Weinbaugebiete. – Bonner Geogr. Abhandl. 18, 159 S.

Hanemann, J. (1924): Die Hygrophyten des zum schwäbisch-fränkischen Hügellande gehörigen Keupergebietes östlich vom Neckar und der fränkischen Platte. – Jahresh. Ver. vat. Naturk. in Württ. 80, S. 30–47.

Hanemann, J. (1927): Ergebnisse der floristischen Durchforschung des östlichen und nordöstlichen Teiles Württembergs. I. Die fränkische Platte mit dem zum Neckarland gehörigen Jagst- und Kochergebiet und der Taubergrund. – Ebenda 83, S. 23–48 (mit einem Nachtrag zur Arbeit von 1924).

Harde, K. W. u. R. Köstlin (1961, 1962, 1965): Beiträge zur württembergischen Käferfauna I, II, III. – Ebenda 116, S. 218–237; 117, S. 299–313; 120, S. 246–267.

Hegelmaier, F. (1884): Über den jetzigen Stand der Kenntniss der Moosvegetation des Vereinsgebiets. – Ebenda 40, S. 258–290.

Herold, J. (1907): Die Verbreitung des Weinbaus in Württemberg. – Ebenda 63, S. 279–335.

Herter, L. (1887): Beiträge zur Moosflora Württembergs. – Ebenda 43, S. 176–220.

Herter, L. (1888): Mitteilungen zur Flora von Württemberg. – Ebenda 44, S. 177–204.

Himmelheber, G. (1962): Die Kunstdenkmäler des ehemaligen Oberamts Künzelsau. – In: Kunstdenkmäler in Württemberg. Hrsg. vom Staatl. Amt f. Denkmalpflege Stuttgart. 453 S. Stuttgart.

Hölzinger, J. (u. Mitarbeiter; 1971): Ornithologischer Sammelbericht für Baden-Württemberg (5). – Anz. Ornith. Ges. Bayern, 10, S. 43–53.

Hölzinger, J. (1973): Ornithologischer Sammelbericht für Baden-Württemberg (9). – Ebenda 12, S. 130–139.

Hölzinger, J., G. Knötzsch, B. Kroymann u. K. Westermann (1970): Die Vögel Baden-Württembergs – eine Übersicht. – Ebenda 9, Sonderheft 1970, 175 S.

Horion, A. (1960, 1961): Bemerkungen zur Faunistik der württembergischen Käfer II u. III. – Jahresh. Ver. vat. Naturk. in Württ. 115, S. 316–329 u. 116, S. 238–265.

Huene, F. Frh. v. (1958): Neue Vertebratenfunde aus dem Muschelkalk Württembergs. – Ebenda 113, S. 316–319.

Illich, H. (1974): Weilersholzhöhle. – Beitr. Höhlen- u. Karstkde. in Südwestdeutschland 4, S. 4–7.

Illich, H. (1975): Sankt Wendelin Höhlen bei Dörzbach/Jagst. – Ebenda 7, S. 7–11.

K., J. (1921): Die Reiher von Morstein. – Mitt. über d. Vogelwelt 20, Nr. 1/2, S. 25. (Kurze Mitt.)

Keyser, E. (Hrsg.; 1962): Württembergisches Städtebuch. 489 S. Stuttgart.

Klapschuweit, D. (1975): Schlösser und Burgen – Burgstellen und Ruinen im Burgberg-Tauber-Gau. – Blätter d. Schwäb. Albvereins 81, Nr. 3, S. 78.

Klunzinger, C. B. (1881): Die Fische in Württemberg, faunistisch-biologisch betrachtet, und die Fischereiverhältnisse daselbst. – Jahresh. Ver. vat. Naturk. in Württ. 37, S. 172–304.

König, H.-J. (1974): Vom Kühberg bis zur Jagst (Teil V). – Frankenspiegel Jg. 26, Nr. 6. Gerabronn.

Königl. Ministerium des Innern, Abt. für den Straßen- und Wasserbau (Hrsg.; 1901): Verwaltungsbericht der Königl. Ministerialabteilung für den Straßen- und Wasserbau II. Abt. Wasserbauwesen (Kocher und Jagst; 147 S., 50 Beil.). Stuttgart.

Königl. Statistisches Landesamt (Hrsg.; 1891 u. 1892): Geognostische Spezialkarte von Württemberg 1:50000. Blatt Mergentheim (1891), Niederstetten (1891) u. Kirchberg (1892). Alle aufg. v. J. Hildenbrand, teilw. rev. v. E. Fraas.

Königl. Statistisches Landesamt (Hrsg.; 1905): Das Königreich Württemberg. Oberämter Crailsheim, Gerabronn und Künzelsau. Stuttgart.

Königl. statistisch-topographisches Bureau (Hrsg.; 1847, 1880, 1883 und 1884): Beschreibung der Oberämter Gerabronn (1847, 314 S.), Mergentheim (1880, 864 S.), Künzelsau (1883, 911 S.) und Crailsheim (1884, 552 S.). Stuttgart (und Tübingen).

Kopp, A. (1934): Der rote Milan in Württemberg. – Wild und Hund 40 vom 2. 11. 1934 (S. 758/759).

Kopp, A. (1937): Der Rote Milan in Württemberg. – Der Deutsche Jäger 59, Nr. 24, S. 411/III.

Kost, E. (1936): Die Besiedlung Württembergisch Frankens in vor- und frühgeschichtlicher Zeit. – Württ. Franken N. F. 17/18, S. 11–109.

Kraus, W. (1976): Die Gröninger Hammerschmiede. – Blätter d. Schwäb. Albvereins 82, Nr. 6, S. 167/168.

Künkele, S. u. S. Seybold (1970): Überblick über das Herbarmaterial aus Württemberg. – Jahresh. Ver. vat. Naturk. in Württ. 125, S. 145–157.

Lander, A. (1930): Tektonische Untersuchungen im nordöstlichen Württemberg und Mittelfranken. – Neues Jahrb. Min., Geol. u Paläont. 64. Beilageband Abt. B, S. 235–254.

Landesanstalt für Umweltschutz Baden-Württemberg (Hrsg.; 1977): Deutsches Gewässerkundliches Jahrbuch. Sonderheft Land Baden-Württemberg. Abflußjahr 1974. 211 S. Karlsruhe.

Leistikow, D. (1959): Burg Krautheim und die Architektur des 13. Jahrhunderts in Mainfranken. – Württ. Franken 43 (N. F. 33), S. 52–147.

Libbert, W. (1939): Pflanzensoziologische Untersuchungen im mittleren Kocher- und Jagsttale. – Veröfftl. Württ. Landesst. Natursch. 15, S. 65–102.

Linck, O. (1953): Mönchtum und Klosterbauten Württembergs im Mittelalter. 2. Aufl., 162 S., 96 T. Stuttgart.

Linck, O. (1956): Steinbruch und Aufschluß in doppelter Sicht des Naturschutzes. – Veröfftl. Landesst. Natursch. u. Landschaftspfl. Baden-Württ. 24 (Festschrift f. Hans Schwenkel), S. 265–287.

Lindner (ohne Ang. d. Vorn.; o. J.): Bericht des Freiherrn von Crailsheim, Oberst a. D. auf Schloß Morstein, OA Gerabronn. (Unveröfftl.; Akten d. Bezirksstelle f. Naturschutz u. Landschaftspfl. Stuttgart.)

Löhrl, H. (1938): Die Wanderungen der Fischreiher aus dem Naturschutzgebiet Reiherhalde Morstein an der Jagst. – Veröfftl. Württ. Landesst. Natursch. 14, S. 208–212.

Martens, E. v. (1865): Über die Molluskenfauna Württembergs. – Jahresh. Ver. vat. Naturk. in Württ. 21, S. 178–217.

Martens, G. v. (1830): Verzeichniß der bis zum Schluß des Jahres 1829 im Königreich Würtemberg beobachteten wild vorkommenden Thiere. – Correspondenzblatt Würtbg. Landwirtschaftl. Ver. 17, S. 134–186.

Martens, G. v. (1862): Die Laubmoose Württembergs. – Jahresh. Ver. vat. Naturk. in Württ. 18, S. 76–112.

Mattern, H. (1964): Um das richtige Maß bei der Planung von Stauseen. – Blätter d. Schwäb. Albvereins 70, Nr. 1, S. 6/7.

Mattern, H. (1965): Fischreiher erschossen. – Hohenloher Tagbl. vom 21. 4. 1965. Crailsheim.

Mattern, H. (1968): Über Massenauftreten der Grünalge Enteromorpha intestinalis in der Brettach bei Gerabronn. Mit Bemerkungen zu Naturschutzfragen in diesem Raum. – Veröfftl. Landesst. Natursch. u. Landschaftspfl. Baden-Württ. 36, S. 36–54.

Mattern, H. (1969): Hilfe für den Schäfer ist Landschaftspflege! – Ebenda 37, S. 272–281.

Mattern, H. (1975): Die Crailsheimer Landschaft und ihre Schutzgebiete. – Blätter d. Schwäb. Albvereins 81, Nr. 3, S. 70–74.

Mattern, H. (1980): St. Wendel zum Stein – ein neues Naturschutzgebiet im Jagsttal. – Blätter d. Schwäb. Albvereins 86, Nr. 4, S. 116/117.

Mattern, H. u. R. Schmidt (1970): Die Naturdenkmale im Regierungsbezirk Nordwürttemberg. – Veröfftl. Landesst. Natursch. u. Landschaftspfl. Baden-Württ. 38, S. 158–189.

Mayer, A. (1913): Die Orchideenstandorte in Württemberg und Hohenzollern. Jahresh. Ver. vat. Naturk. in Württ. 69, S. 357–401.

Memminger, J. D. G. v. (1841): Beschreibung von Württemberg. 3. Aufl., 844 S. – Hrsg. v. d. Königl. statistisch-topogr. Bureau. Stuttgart u. Tübingen.

Menrad (ohne Ang. d. Vorn.; 1935): Der Rote Milan in Württemberg. – Wild und Hund 41, Nr. 15 vom 12. 4. 1935 (S. 256).

M. (Menrad?; 1935): Der rote und der schwarze Milan in Württemberg. – Deutsche Jagd Nr. 16, S. 300.

Meyer, H. v. u. Th. Plieninger (1844): Beiträge zur Paläontologie Württembergs. 132 S., 12 T. Stuttgart. (Hierin über unseren Raum vor allem das Kap. „Knochenbreccie des Muschelkalks“ von Plieninger.)

Meynen, E. u. J. Schmithüsen (Hrsg.; 1955): Handbuch der naturräumlichen Gliederung Deutschlands. 2. Lief. Remagen. (Kap. 126, Kocher-Jagst-Ebenen, und Kap. 127, Hohenloher-Haller-Ebene, S. 205–207, bearb. v. Fr. Huttenlocher.)

Miller, M. (Hrsg.; 1965): Baden-Württemberg. – In: Handbuch der historischen Stätten Deutschlands, Bd. 6, 856 S. Stuttgart.

Ministerium f. Ernährung, Landwirtschaft und Umwelt Baden-Württemberg (Hrsg.; 1975): Gewässerkundliches Flächenverzeichnis des Landes Baden-Württemberg. 1.–3. Teil.

Müller, Th. u. D. Kast (1969): Die geschützten Pflanzen Deutschlands. 348 S., 49 T. Stuttgart.

Müller, Th. u. E. Oberdorfer (1974): Die potentielle natürliche Vegetation von Baden-Württemberg. – Beih. Veröfftl. Landesst. Natursch. u. Landschaftspfl. Baden-Württ. 6, 46 S.

Mürdel, H. (1926): Florula Regenbacensis. Verzeichnis der in der Pfarrei Unterregenbach und Umgebung wild wachsenden Pflanzen. Unveröfftl. Manuskript (aufbewahrt im Staatl. Museum f. Naturkunde, Bot. Abt., Ludwigsburg).

Muntsch, H. (1872): Geschichte der Stadt-Gemeinde Bartenstein und ihrer nächsten Umgebung. 47 S. Creglingen.

Oberdorfer, E. (1970): Pflanzensoziologische Exkursionsflora für Süddeutschland. 3. Aufl., 987 S. Stuttgart.

Paret, O. (1938): Die Keltenhöhle bei Dörzbach im Jagsttal. – Fundberichte aus Schwaben N. F. 9 (1935/38), S. 70–72. Stuttgart.

Paulus, E. u. R. Stieler (1887): Aus Schwaben. Schilderungen in Wort und Bild. 296 S. Stuttgart.

Pfefferkorn, W. (1973): Burgen unseres Landes. Hohenlohe mit Taubertal. 63 S. Stuttgart.

Pfefferkorn, W. (1977): Buckelquader an Burgen der Stauferzeit. 46 S. – Hrsg. v. d. Öffentl. Bausparkasse Württ.

Plieninger, Th. (1847): Verzeichnis der Reptilien Württembergs. – Jahresh. Ver. vat. Naturk. in Württ. 3, S. 194–208.

Preiß, H. (1928): Von der Reiherhalde bei Morstein. – Veröfftl. Staatl. Stelle f. Natursch. b. Württ. Landesamt f. Denkmalpfl. 4, S. 151–156.

Queck, G. (1973): Die Forschungen über Unterregenbach bis 1960. – Württ. Franken 57, S. 182–194.

Regelmann, C. (1883): Flächeninhalt der Flußgebiete Württembergs. Ein Beitrag zur Hydrographie des Landes. – Württ. Jahrbücher 1883, 38 S.

Reif, W.-E. (1971): Zur Genese des Muschelkalk-Keuper-Grenzbonebeds in Südwestdeutschland. – Neues Jahrb. Geol. Paläontol. Abh. 139, S. 369–404.

Roeder, Ph. L. H. (1821): Geographie und Statistik Wirtembergs, der Geographie zweite Abtheilung, den Jaxt-Kreis enthaltend. 371 S. Stuttgart.

Römisch-Germanisches Zentralmuseum Mainz (Hrsg.; 1973): Führer zu vor- und frühgeschichtlichen Denkmälern Bd. 24. Hohenloher Land. 229 S. Mit Beiträgen von G. S. Graf Adelmann, A. Böhme, H. W. Böhme, W. Carlé, G. P. Fehring, F. Fischer, O. Höckmann, R. Koch, H. Neumaier, H. Schönberger, P. Schröter, K. Schumm, K. Weidemann, H. Zürn.

Rosenmüller, J. C. u. Tillesius (1805): Beschreibung merkwürdiger Höhlen. Ein Beitrag zur physikalischen Geschichte der Erde. Bd. 2. Leipzig. (Darin Kap. 55: Beschreibung zweyer Höhlen an der Jagst im Fürstenthum Hohenlohe, S. 320–322.)

Roser, W. (1962): Vegetations- und Standortsuntersuchungen im Weinbaugebiet der Muschelkalktäler Nordwürttembergs. – Veröfftl. Landesst. Natursch. u. Landschaftspfl. Baden-Württ. 30, S. 31–147.

Rüdenauer, B., K. Rüdenauer u. S. Seybold (1974): Über die Ausbreitung von Helianthus- und Solidago-Arten in Württemberg. – Jahresh. Ges. Naturk. in Württ. 129, S. 65–77.

Sandel, Th. (1936): Kirchberg an der Jagst. Schicksal einer hohenlohisch-fränkischen Stadt. Bearb. nach dessen Manuskript-Nachlaß v. G. H. Schaeff-Scheefen. 364 S.

Schaaf, G. (1928 a): Von Klima und Witterung. – In: Heimatbuch Crailsheim, S. 45–48. Crailsheim.

Schaaf, G. (1928 b): Die Pflanzenwelt. – Ebenda, S. 49–85.

Schaeff-Scheefen, G. H. (1936): S. Sandel, Th.

Schaeff-Scheefen, G. H. (1949): Mistlau. – Frankenspiegel 1, Nr. 17.

Scheerer, H. (1970): Kampf um das Jagsttal. – Natur u. Mensch 12, Nr. 4, S. 192–194.

Scheu, E. (1909): Zur Morphologie der schwäbisch-fränkischen Stufenlandschaft. – Forschungen z. Deutschen Landes- und Volksk. 18, S. 361–404.

Scheurlen (ohne Ang. d. Vorn.; 1912): Kapelle St. Wendel zum Stein. – Blätter d. Schwäb. Albvereins 24, Nr. 9, S. 299/300.

Schlauch, I. u. D. Klapschuweit (1979): 900 Jahre Bächlingen. 24 S. Langenburg.

Schlauch, R. (1951): Langenburg, das Herz des Hohenloher Landes (Heimatbuch). Langenburg. (Fortgef. v. I. Schlauch, 5. Aufl. 1972, 112 S.)

Schlauch, R. (1956): Entlang der Jagst... – Blätter d. Schwäb. Albvereins 62, Nr. 5, S. 105/106.

Schlauch, R. (1962 a): Hohenlohe. 2. Aufl., 211 S. Stuttgart. (1. Aufl. Stuttgart 1956.)

Schlauch, R. (1962 b): Agnes Günther. – In: Lebensbilder aus Schwaben u. Franken Bd. 8, S. 363–382. Stuttgart.

Schlauch, R. (1964): Hohenlohe Franken. 463 S. Nürnberg.

Schlauch, R. (1965): Einkehr und Andacht. Kunstbetrachtungen in Hohenlohe. 96 S. Gerabronn/Crailsheim.

Schlauch, R. (1967): Die Reiher sind da. – Stuttg. Zeitung Nr. 43, 21. Febr.

Schlauch, R. (o. J.): Die Bächlinger Kirche und ihre Chorbilder. 4 S. (Broschüre).

Schlenker, G. (1939): Die natürlichen Waldgesellschaften im Laubwaldgebiet des Württembergischen Unterlandes. – Veröfftl. Württ. Landesst. Natursch. 15, S. 103–140.

Schlenker, G. u. R. Hauff (1960): Entwurf einer Karte der Regionalgesellschaften für die Wuchsgebiete Neckarland (württ. Teil) und Schwäbische Alb. – Mitt. Ver. forstl. Standortskde. u. Forstpflanzenzüchtung Nr. 9, S. 31–35.

Schmidt, M. (1928): Die Lebewelt unserer Trias. 461 S, 1220 Fig. Öhringen.

Schnizlein, A. u. Frickhinger, A. (1848): Die Vegetationsverhältnisse der Jura- und Keuperformation in den Flußgebieten der Wörnitz und Altmühl. Nördlingen.

Schönhuth, O. (1845): Das mittlere Jagstthal von Krautheim bis St. Wendel am Stein. 178 S. – In: Vorzeit und Gegenwart in Frankenland Jg. 2 (1844). Mergentheim.

Schönhuth, O. (1853): Die Kapelle St. Wendel zum Stein im Jagstthal. – Zeitschr. hist. Ver. f. d. wirtemberg. Franken VII (= 3. Bd., 1. H. neue Einteilung), S. 97–101.

Schönhuth, O. (1858): Das Jagstthal. – Ebenda 4, H. 3, S. 458–464.

Schönhuth, O. (1863): Das Altarbild in der Kapelle St. Wendel am Stein. – In: Württemberg wie es war und ist. 2. Aufl., Bd. 2, S. 430–480.

Schoenichen, W. (1937): Urdeutschland, 2. Bd. 342 S., 96 T. Neudamm. (Darin über die Morsteiner Reiher auf S. 323/324.)

Schröder, K. H. (1953): Weinbau und Siedlung in Württemberg. – Forschungen z. Deutschen Landeskunde 73, 182 S., 11 Karten, 6 T.

Schumm, J. u. Mitarb. (Hrsg.; 1928): Heimatbuch Crailsheim. 664 S. Crailsheim.

Schumm, K. (1951): Leofels – eine Stauferburg im Frankenland. – Schwäb. Heimat 2, H. 2, S. 48–52.

Schumm, K. (1952): Der Brückenbau in Eichenau 1759–1768. – Frankenspiegel 4 (1952), Nr. 3, S. 159/160.

Schumm, K. (1969): Burg Leofels. – Württ. Franken 53 (N. F. 43), S. 23–32.

Schumm, K. (1973): Burgen, Schlösser und Residenzen im Hohenloher Land. – In: Führer zu vor- und frühgeschichtlichen Denkmälern 24, S. 104–117.

Schumm, K. (1977): Staufische Denkmale in Hohenlohe. – Schwäbisches Land 24. Kalender für das Jahr 1977, S. 34–36.

Schumm, M. (1952): Bartenstein – die kleine Residenz. – Württemberger Land 10, S. 28/29.

Schumm (ohne Ang. d. Vorn.; 1950): Der Weinbau bei Kirchberg. – Hohenloher Heimat Jg. 2, Nr. 9, S. 36. (Beil. zum Haller Tagblatt.) Schwäbisch Hall.

Schwarz, E. (1832): Reine natürliche Geographie von Würtemberg. 272 S. Stuttgart.

Schwenkel, H. (1926): Ein Besuch der Reiherhalde Morstein. – Stuttgarter Neues Tagblatt 23. Juni 1926. (Gekürzt unter dem gleichen Titel in: Der Tierfreund 54, S. 87–89; 1928.)

Schwenkel, H. (1927): Der Naturschutz in Württemberg bis 1925. – Veröfftl. staatl. Stelle f. Natursch. b. württbg. Landesamt f. Denkmalpfl. 2 (1926), S. 5–71. (Hierin Bericht über die Morsteiner Reiherhalde.)

Schwenkel, H. (1935, 1936): Tätigkeitsberichte des Württ. Landesamts für Denkmalpfl. über das Jahr 1934 und der Württ. Landesst. f. Natursch. über das Jahr 1935/1936. – Schwäbisches Heimatbuch 21 u. 22. (Hierin Berichte über die Morsteiner Reiherhalde Anhang S. 63/64 bzw. 23.)

Schwenkel, H. (1939): Reiherhalde Morstein. – Veröfftl. Württ. Landesst. f. Natursch. 15, S. 159/160. (Im Tätigkeitsbericht der Württ. Landesstelle f. Naturschutz über das Jahr 1938.)

Sebald, O. u. S. Seybold (1973): Beiträge zur Floristik von Südwestdeutschland III. – Jahresh. Ges. Naturk. in Württ. 128, S. 142–147.

Seckendorf, Graf v. (ohne Ang. d. Vorn.; 1846): Die lebenden Land- und Süßwasser-Mollusken Württembergs. – Jahresh. Ver. vat. Naturk. in Württ. 2, S. 3–59.

Seybold, S. (1977): Die aktuelle Verbreitung der höheren Pflanzen im Raum Württemberg. – Beih. Veröfftl. Natursch. u. Landschaftspfl. in Baden-Württ. 9, 201 S.

Seybold, S., O. Sebald u. W. Winterhoff (1975): Beiträge zur Floristik von Südwestdeutschland IV. – Jahresh. Ges. Naturk. in Württ. 130, S. 249–259.

Sick, W.-D. (1962): Die naturräumlichen Einheiten auf Blatt 162 Rothenburg ob der Tauber. 58 S., 1 K. – Geographische Landesaufnahme 1: 200 000. Naturräumliche Gliederung Deutschlands, hrsg. v. Institut f. Landeskunde. Bad Godesberg. Bundesanstalt f. Landeskunde und Raumforschung.

Simon, Th. (1975): Geologische und hydrologische Untersuchungen im Raum Krautheim–Dörzbach (Hohenlohe). – Geol. Diplomarbeit und Kartierung an der Universität Stuttgart. 171 S. Stuttgart. August 1975.

Simon, Th. (1977): Zur Kenntnis des Unteren Muschelkalkes im Raum Krautheim–Dörzbach (Hohenlohe). – Jber. Mitt. oberrhein. geol. Ver. N. F. 59, S. 113–145.

Stachel, G. (1971): Die Abschnittsbefestigung „Alte Burg“ bei Unterregenbach. – Blätter d. Schwäb. Albvereins 77, Nr. 6, S. 168/169.

Statistisches Landesamt Baden-Württemberg (Hrsg.; 1953): Der Landkreis Crailsheim. 494 S. Gerabronn.

Statistisches Landesamt Baden-Württemberg (Hrsg.; 1976): Statistisches Taschenbuch 1976, Baden-Württemberg. 252 S. Stuttgart.

Staudacher, W. (1939): Um Jagst und Kocher. – Blätter d. Schwäb. Albvereins 51, Nr. 8, S. 102–104.

Taddey, G. (1979): Neue Forschungen zur Baugeschichte von Schloß Langenburg. – Württ. Franken 1979, S. 13–46.

Thost, E. (1930): Das Klima des nördlichen Württemberg. – Stuttg. Geogr. Studien, Reihe A. 24/25. 138 S., 22 Kart.

Tieck, L. (1834): Eine Sommerreise. Novelle. (Das Zitat auf S. 129 wurde der Ausgabe: Ludwig Tiecks Schriften, 23. Bd. [= Novellen 7. Bd.], Berlin 1853, entnommen.)

Trump, A. (1889): Einiges über den gemeinen Fischreiher (Ardea cinerea). – Ornithologische Monatsschrift 14, S. 291/292. (Berichtet über die Morsteiner Reiher.)

Vock, W. (1964): Wieder wird ein Tal zerstört. – Stuttg. Zeitung Nr. 47, 26. Febr.

Vock, W. (1970): Das Jagsttal in Gefahr. – Blätter d. Schwäb. Albvereins 76, Nr. 3, S. 74/75.

Vogel, R. (1938): Zur Kenntnis der Nacktschnecken, insbesondere ihrer Verbreitung in Württemberg. – Jahresh. Ver. vat. Naturk. in Württ. 94, S. 169–179.

Vollrath, A. (1955 a): Zur Stratigraphie des Hauptmuschelkalks in Württemberg. – Jahresh. Geol. Landesamt Baden-Württ. 1, S. 79–168.

Vollrath, A. (1955 b): Zur Stratigraphie des Trochitenkalks in Baden-Württemberg. – Ebenda 1, S. 169–189.

Vollrath, P. (1923): Beiträge zur Stratigraphie und Paläographie des fränkischen Wellengebirges. – Neues Jahrb. f. Mineralogie, Geologie und Paläontologie Beilageband 50 (1922), S. 120–288.

Volz (ohne Ang. d. Vorn.; 1852): Grenzen des Weinbaus in Württemberg. – Jahresh. Ver. vat. Naturk. in Württ. 8, S. 45–56.

Wagner, G. (1913): Beiträge zur Stratigraphie und Bildungsgeschichte des oberen Hauptmuschelkalks und der unteren Lettenkohle in Franken. – Inaug. Dissertation. Tübingen. 180 S., 9 T. (Jena 1913.)

Wagner, G. (1914): Vom oberen Hauptmuschelkalk. – Jahresh. Ver. vat. Naturk. in Württ. 70, S. 169–188.

Wagner, G. (1919): Die Landschaftsformen von Württembergisch Franken. – Erdgesch. u. landeskundl. Abh. aus Schwaben u. Franken 1. 95 S. Öhringen.

Wagner, G. (1921): Geologische Heimatkunde von Württembergisch Franken. 2. Aufl., 97 S. Öhringen.

Wagner, G. (1922): Berg und Tal im Triasland von Franken und Schwaben. – Erdgesch. u. landeskundl. Abh. aus Schwaben u. Franken 4. 175 S. Öhringen.

Wagner, G. (1928): Aus der Erd- und Landschaftsgeschichte unserer Heimat. – In: Heimatbuch Crailsheim, S. 1–44. Crailsheim.

Wagner, G. (1929 a): Junge Krustenbewegungen im Landschaftsbilde Süddeutschlands. – Erdgesch. u. landeskundl. Abh. aus Schwaben und Franken 10. 300 S., 16 T. Öhringen.

Wagner, G. (1929 b): Zur Geologie der wichtigsten Fundstellen diluvialer Säugetiere im Neckarlande. – Paläontol. Zeitschr. 11, S. 194–196.

Wagner, G. (1950): Einführung in die Erd- und Landschaftsgeschichte. 2. Aufl., 664 S., 200 T. Öhringen.

Wagner, G. (1964): „Wohltatig ist der Technik Macht, wenn sie der Mensch bezähmt, bewacht!“. – Blätter d. Schwäb. Albvereins 70, Nr. 1, S. 4–6.

Waldburg-Wolfegg, H. Graf v. (1964): Vom Nordreich der Hohenstaufen. 2. Aufl., 130 S., 91 Abb. auf Taf. München und Zürich.

Weber, K. J. (1826/1978): Reise durch das Königreich Württemberg. 1978 (Stuttgart) neu herausgegebener Teil der 1826 erschienenen Erstausgabe von Webers Werk: Deutschland oder Briefe eines in Deutschland reisenden Deutschen. 272 S.

Weber K. J. (1833): Die Reiherhalde zu Morstein. – Würtembergische Jahrbücher (hrsg. v. J. G. D. Memminger) 1833, H. 2, S. 318–324. (Der Verf. ist ohne Vornamen als der „verstorbene Hofrath Weber“ angegeben. Herr M. Blümcke schreibt den Aufsatz nach freundl. Mitt. dem Schriftsteller Karl Julius Weber zu.)

Weidemann, K. (1973): Hof, Burg und Stadt – Siedlungsformen des frühen und hohen Mittelalters im Hohenloher Land. – In: Führer zu vor- und frühgeschichtlichen Denkmälern 24, S. 52–103.

Weller, K. (1894): Die Ansiedlungsgeschichte des württembergischen Frankens rechts vom Neckar. – Württ. Vjh. N. F. 3, S. 1–93, 455.

Weller, K. (1903/08): Geschichte des Hauses Hohenlohe. 2 Tle., 154 bzw. 491 S., 2 T. Stuttgart.

Weller, K. (1923): Die Besiedlung des württembergischen Frankenlands in deutscher Zeit. – Bes. Beil. d. Staats-Anzeigers f. Württ., S. 65–73, 81–85.

Wülfing, O. E. (1960): Burgen der Hohenstaufen in Schwaben, Franken und Hessen. 157 S. Düsseldorf.
Württ. Statistisches Landesamt (Hrsg.; 1930): Geognostische Spezialkarte von Württemberg. Atlasblatt Künzelsau. Neubearbeitung der II. Aufl. u. Begleitworte v. M. Frank (70 S.). (1. Aufn. v. J. Hildenbrand, abgeschl. 1891.) Stuttgart.
Wunderlich, S. (1941): Heimatbuch für Simprechtshausen und Umgebung. 194 S., 8 T. Stuttgart.
Zander, J. (1973): Hydrogeologische Untersuchungen im Muschelkalk-Karst von Nord-Württemberg (östliche Hohenloher Ebene). – Arb. Inst. Geol. Paläont. Univ. Stuttgart N. F. 70, S. 87–182.
Zanzinger, E. (1957): Die Geschichte des Weilers und Klosters Anhausen. 68 S.
Zürn, H. (1965): Katalog Schwäb. Hall. Die vor- und frühgeschichtlichen Funde im Keckenburgmuseum. – Veröfftl. Staatl. Amtes Denkmalpfl. Reihe A, H. 9. (S. 37.)
Zwiesele, H. (1914): Die Verbreitung der Neckar- und Donaumuscheln im Kocher- und Jagstgebiet. – Jahresh. Ver. vat. Naturk. in Württ. 70, S. 60–68.

Zusatz während des Druckes:
Hagdorn, H. (1979): Ein Fossiliensammler und seine Sammlung. Hofrat Dr. h. c. Richard Blezinger aus Crailsheim zum 50. Todestag. – Jahresh. Ges. Naturk. in Württbg. 134, S. 111–125.

Orts- und Sachregister

(Pflanzen und Vögel s. gesonderte Verzeichnisse)

*) = Abbildung

Alphabetisches Verzeichnis der im Text genannten Pflanzenarten

*) = Abbildung

Die wissenschaftlichen Namen folgen der „Liste der Gefäßpflanzen Mitteleuropas", herausgegeben von Ehrendorfer (2. Auflage 1973). Auf Autorennamen kann deshalb in der Regel verzichtet werden, doch ist leider die Angabe mancher gebräuchlicher Synonyme unerläßlich, da jedem, der sich nicht ganz speziell mit der Systematik der Gefäßpflanzen beschäftigt, nicht wenige neue Namen fremd sein werden. Rasch dreht sich das Namenskarussell und es besteht in absehbarer Zukunft kein Grund zur Hoffnung auf eine langsamere Gangart.

Anhang: Moose

Verzeichnis der im Text genannten Vögel